li

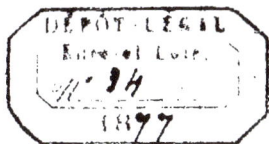

ANALYSE & PERFECTIONNEMENTS NOUVEAUX

POUR L'EMPLOI DES CIMENTS

DANS LES OUVRAGES A L'AIR

ANALYSE

ET

PERFECTIONNEMENTS NOUVEAUX

POUR

L'EMPLOI DES CIMENTS

DANS LES OUVRAGES A L'AIR

par J. DUCOURNAU

Ingénieur civil, Entrepreneur de Travaux publics

Inventeur et auteur
de diverses traités et méthodes utiles aux travaux publics,
honoré d'une prime de la ville de Paris, et d'une médaille d'argent de la Société
d'encouragement pour l'Industrie nationale, de divers rapports favorables
de Sociétés savantes, notamment de la Société centrale
des Architectes de Paris.

> La chaux libre en état *caustique*, dans
> les ciments et les chaux *hydrauliques,*
> nuit à la stabilité des mortiers; *fusée,*
> elle en modère la prise et augmente leur
> résistance; *éteinte,* elle exerce sur ces
> produits une influence contraire.

PARIS

Librairie Scientifique Ambroise LEFÈVRE

47, Quai des Grands-Augustins, 47

—

1877

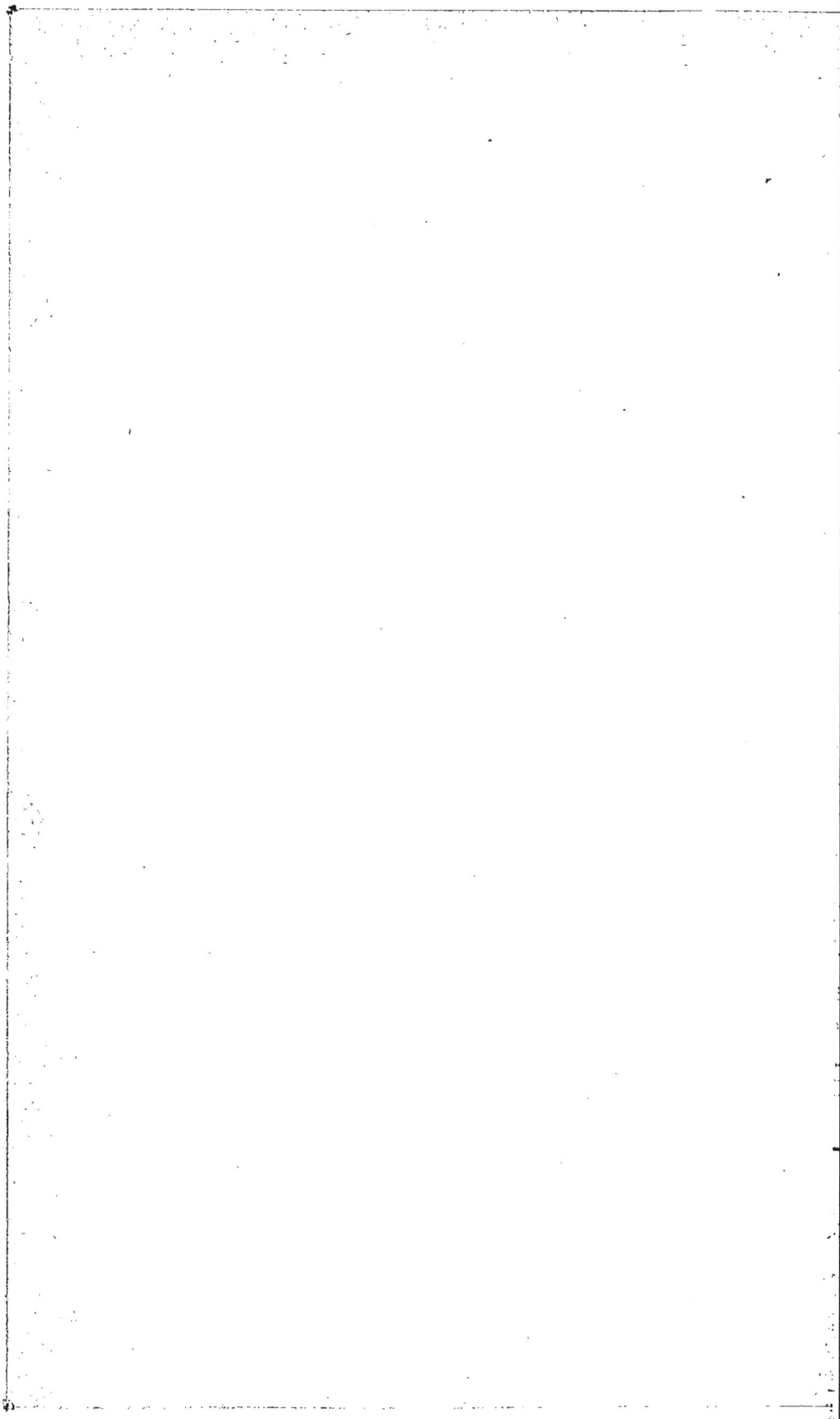

INTRODUCTION

Il ne sera pas sans utilité de raconter en quelques mots les péripéties que nous avons eu à traverser depuis que nous avons laissé nos entreprises de travaux publics pour nous livrer entièrement à nos inventions et particulièrement à celles qui se rattachent à l'emploi des ciments.

En 1847, l'idée de substituer les matériaux concassés aux sables employés dans les ciments destinés aux enduits des dallages nous fut suggérée par les détritus que produisait une machine à concasser les pierres que nous venions d'inventer. Plusieurs essais faits avec ces nouveaux matériaux, employés avec des ciments romains provenant des fabriques de la vallée du Lot, nous prouvèrent que l'agrégat en pierres concassées était en tout supérieur aux sables les plus purs et les mieux appropriés. Ce principe établi, il restait à connaître quels seraient les ciments les plus convenables aux ouvrages destinés aux dallages des habitations et des voies publiques.

Les ciments que l'on fabriquait à cette époque avaient tous le défaut d'une prise trop rapide ; c'est pourquoi, en maintes circonstances, notre préférence fut acquise aux chaux hydrauliques mélangées de pouzzolane ou de tuileaux pulvérisés. Des dallages faits avec ces sortes de gan-, gues, reliées avec des petits matériaux concassés, produisirent des effets excellents, car ils acquirent une très-grande dureté au bout de quelques mois de leur mise en œuvre.

Cependant ces bétons, à base de chaux, avaient le grave inconvénient d'une trop grande lenteur de prise ; ce défaut en faisait exclure l'application dans la plupart des ouvrages, surtout pour les passages et trottoirs établis sur la voie publique.

Quelques travaux faits avec des ciments romains un peu vieux et dont la rapidité de la prise se trouvait par cela amoindrie, ayant eu un succès relativement bon, nous décidèrent à délaisser l'emploi de la chaux. Cette modification de prise s'obtenait au moyen d'une digestion prolongée, mais si les ciments qui étaient soumis à cette épreuve n'étaient pas d'une fabrication et surtout d'une cuisson parfaite, leur détérioration ne tardait pas à se produire et par conséquent ils devenaient impropres à toutes espèces d'ouvrages. C'est dans ces alternatives de difficultés diverses que nous reconnûmes la nécessité absolue, pour les travaux exécutés à l'air, d'un ciment qui tiendrait le milieu entre la prise extra-lente de la chaux hydraulique et la prise extra-prompte du ciment romain, et ce ciment, que nous aurions voulu découvrir pour perfectionner nos bétons à dallages, existait à quelques lieues de distance de l'endroit où nous faisions nos essais.

Avec la persévérance commune aux inventeurs, nous continuâmes nos travaux d'expérience en laissant vieillir les ciments et en répudiant ceux qui ne pouvaient supporter l'épreuve sans être avariés, et nous continuâmes nos essais jusqu'au jour de l'ouverture de l'Exposition universelle de 1855, à laquelle nous fûmes admis pour notre machine à concasser les pierres et notre *béton-plastique*, sous les numéros 1145 et 1162.

Ces deux inventions, d'une modestie apparente, qui, quelques années plus tard, devaient être honorées d'un double rapport favorable de la Société centrale des Architectes de Paris et de la Société d'encouragement pour l'Industrie nationale, passèrent inaperçues aux yeux du Jury de l'Exposition, et, par conséquent, ne furent l'objet d'aucune appréciation ; mais aujourd'hui, tous les constructeurs connaissent le *béton-plastique* et peuvent être à même d'apprécier les services exceptionnels qu'il peut rendre à l'art de la construction.

Fallait-il reléguer dans l'oubli ces deux inventions qui déjà nous avaient coûté plusieurs années de labeurs et de sacrifices, à cause de l'indifférence des appréciateurs officiels de l'Exposition universelle ? L'inventeur ne s'arrête pas aux obstacles de cette nature. D'ailleurs, nos inventions ne furent pas délaissées de tout le monde ; MM. les membres de la Société centrale des Architectes de Paris et MM. les Ingénieurs du service municipal voulurent bien prêter leur concours pour mettre à l'épreuve nos deux inventions et faire les expériences nécessaires pour en étudier et patronner le mérite.

Après l'Exposition universelle, quelques grands travaux d'essais de *béton-plastique* nous furent confiés pour être exécutés sur la voie publique ; l'un de ces travaux fut entrepris sous la direction de l'éminent architecte M. Henri Labrouste. Ce travail consistait en un vaste trottoir, sur la voie publique, rue Vivienne, en face la Bibliothèque nationale. L'autre travail, exécuté sous la direction de MM. les Ingénieurs du service municipal, se composait aussi d'un très-grand trottoir, sur le boulevard Sébastopol, longeant le square de la tour Saint-Jacques.

Ces deux ouvrages, quoique imparfaitement exécutés, à cause de l'inexpérience des ouvriers, servirent pourtant à édifier les constructeurs sur les avantages que pouvait retirer l'industrie de la construction en généralisant l'application de ce nouveau *béton* et en le substituant aux ouvrages en pierres de faible épaisseur ou autres, d'une façon trop coûteuse.

L'invention du ciment à prise lente, exhibé à l'Exposition universelle, fut un auxiliaire puissant pour notre *béton-plastique,* et ce ciment, dont nous avions reconnu la nécessité depuis l'origine de notre invention, nous facilita la tâche dans le perfectionnement de notre industrie et dans son développement.

Les premières années d'application de notre *béton-plastique* ne s'écoulèrent pas sur un lit de roses; d'un côté l'inexpérience des ouvriers, de l'autre l'imperfection du ciment nouvellement inventé, nous occasionnèrent des avaries trop souvent répétées pour ne pas nous causer des préjudices de toutes sortes et de grands soucis. Mais si nous ne pouvions vaincre ces obstacles de main-d'œuvre et de mauvaise fabrication des ciments, d'une manière efficace, il fallait au moins y suppléer par des soins assidus afin d'en amoindrir autant que possible les mauvais effets. Ce fut donc pour nous une série d'années de luttes qui devaient se terminer par une catastrophe et nous amener à l'invention de l'analyse des ciments.

En 1865, nous quittâmes la France pour aller en Italie importer notre nouvelle industrie. A cet effet, nous fîmes un traité avec le représentant d'une maison de Londres pour la fourniture du ciment de Portland qui nous serait nécessaire dans les entreprises que nous nous proposions de faire pour les ouvrages en *béton-plastique*. Un premier navire de ce ciment nous fut expédié à Gênes, pour de là nous être réexpédié sur les divers points de l'Italie où nous avions des travaux à exécuter.

Nos premiers travaux furent exécutés, à Turin, pour le compte de la Municipalité et celui de l'Administration des docks. Ces ouvrages consistaient en une très-grande quantité de dallages pour magasins, et, sur la voie publique, en lavoirs, terrasses, etc.

Ces premiers travaux furent parfaitement réussis; les dallages, pour les magasins des docks surtout, attirèrent particulièrement l'attention des ingénieurs, et bientôt les commandes nous arrivèrent des divers points de l'Italie. L'épuisement de ce premier navire de ciment touchant à sa fin, nous fîmes la commande d'une nouvelle expédition, pensant bien que la même qualité nous serait envoyée et que de nouveaux succès et de nouveaux bénéfices nous attendaient.

En attendant le nouvel envoi de ciment, nous fîmes de nouvelles entreprises avec les municipalités de Milan, de Novare, de Vercelli, de Gênes, de Modène; ces divers traités nous avaient été facilités par le grand succès de nos travaux de Turin.

Le deuxième navire de ciment nous fut expédié, et nous le reçûmes avec la plus grande confiance, pensant recevoir la même qualité du premier envoi, puisque c'était la même maison qui l'avait fait. Nous nous attendions, avec toute assurance, au même succès, pour ces nouveaux travaux, que pour ceux que nous avions exécutés à Turin.

Le premier travail fait avec ce nouvel envoi de ciment fut une chaussée sur l'une des voies publiques de la ville de Turin. Ce travail fut d'un succès très-médiocre; mais nous étions loin d'en attribuer la cause à la mauvaise qualité du ciment, tant notre confiance était grande pour ce produit et pour la maison qui nous avait fait la fourniture et dont nos relations commerciales dataient depuis une dizaine d'années. Le manque absolu de moyens de reconnaître les qualités diverses des ciments furent cause de notre malheur, car notre confiance sur ce produit ne put être altérée qu'après bien des travaux mal réussis et après une série d'insuccès qui ne laissaient' plus de doute sur la mauvaise qualité du ciment.

Après ce travail de chaussées, nous fûmes à Milan commencer les travaux d'une grande entreprise. Ces travaux se composaient de vastes terrasses au nouveau cimetière. Les premiers ouvrages se maintinrent assez bien pendant quelques mois, malgré les traces non équivoques des accidents qui nous attendaient. Après ces quelques mois d'attente et d'anxiété, les fentes se manifestèrent sur tous les points où nous avions remarqué les indices et sur toute la surface des emplois. Mais, comme toujours, ces accidents étaient attribués à toute autre cause qu'à la cause réelle, c'est-à-dire à des effets autres que ceux causés par la mauvaise qualité des ciments sur laquelle nous n'avions encore aucun doute.

De Milan, nous fûmes à Novarre faire des trottoirs sur la voie publique et des dallages dans un abattoir. Là, comme à Milan, dans le premier jour de leur exécution, ces ouvrages laissèrent apercevoir des marques inquiétantes pour leur solidité future, ce qui ne manqua pas d'arriver, car, au bout de quelques mois, les mêmes accidents se manifestèrent. C'est alors seulement que notre confiance sur les ciments fut ébranlée et que nous commençâmes à douter de leur bonne qualité. Cependant, ce ne fut qu'après avoir subi un désastre complet pour les travaux de Modène que nous voulûmes nous rendre compte, par l'emploi des ciments d'une autre maison, si nos soupçons sur la mauvaise qualité des ciments étaient bien fondés. A cet effet, nous expédiâmes, de Gênes, à nos ouvriers de Modène, un ciment de Portland d'une fabrique nouvelle, avec lequel on fit les réparations et d'autres nouveaux ouvrages avec succès.

Mais le coup nous était porté ; la ruine de notre industrie était complète ; il fallut procéder aux réparations des ouvrages en mauvais état, dépenser de grosses sommes, tandis que deux années s'écoulèrent dans les plus grands soucis et les plus grands tracas.

Un pareil désastre ne pouvait manquer d'éveiller notre esprit inventif ; il fallait ou abandonner une industrie susceptible à de pareils cas de ruines, ou trouver un moyen pratique de constater les qualités de ciments à chaque livraison.

Après nous être bien renseigné et nous être convaincu auprès d'ingénieurs et de chimistes distingués que la science ne possédait aucun moyen de reconnaître la bonne ou la mauvaise fabrication des ciments, nous nous mîmes à l'œuvre pour combler cette lacune. Quatre années d'études consécutives et d'essais continus nous conduisirent à la composition d'une analyse simple et facile pour reconnaître la mauvaise fabrication des ciments et celle d'un agent modérateur pour vieillir ceux d'une trop récente fabrication et ralentir leur prise.

Ces deux inventions, nous pouvons le dire sans trop nous avancer, peuvent être considérées comme le complément de la fabrication et de l'emploi des ciments, puisque les fabricants pourront livrer leurs produits, sans inconvénients, dans les premiers jours de leur fabrication, sans les soumettre à une digestion préalable et les garder de longs mois en magasin; et que les constructeurs ayant les moyens d'en préciser la qualité et au besoin de la rectifiera u moyen de l'*agrégat,* pourront se livrer aux diverses applications avec toute sécurité.

Il est incontestable que si les matériaux concassés neutralisent le retrait des ciments dont les poudres sont dans une bonne condition d'âge et de fabrication, ils ne peuvent rien contre les effets de la chaux caustique que contiennent les poudres nouvellement fabriquées et contre l'hydratation tardive des parties des poudres imparfaitement cuites et qui contiennent une quantité plus ou moins grande de chaux vive. Dans ce cas, on doit avoir recours à l'emploi de l'*agrégat* modérateur pour ralentir la prise des ciments, en dissoudre la chaux vive et procurer ainsi aux silicates le temps nécessaire à leurs combinaisons chimiques, afin d'obtenir une homogénéité complète dans toutes les parties de l'emploi.

Il est superflu de nous étendre plus longuement pour chercher à démontrer les services que peuvent rendre nos deux inventions à la fabrication et à l'emploi des ciments, car si le fabricant, d'un côté, peut livrer ses produits pour ainsi dire à la sortie du four, l'applicateur pourra, sans inconvénient et sans danger pour son travail, employer ces ciments de fraîche fabrication à tous les ouvrages, soit à l'eau, soit à l'air, soit au soleil le plus ardent ; ce qui ne pouvait avoir lieu avant la découverte de l'*analyse* et de l'*agrégat* modérateur, car l'insuccès persévérant jusqu'à ce jour dans la fabrication des ouvrages de faible épaisseur exposés à l'air, avait été cause qu'un grand nombre d'architectes avaient renoncé à l'emploi des ciments dans beaucoup d'applications, dont la reprise procurera un nouveau débouché à la fabrication des ciments et de notables économies dans la construction, notamment pour les terrasses et les trottoirs sur la voie publique.

Il faut donc que les constructeurs soient bien pénétrés que le succès de tous les ouvrages soumis aux intempéries et aux effets physiques de toutes sortes, ne peut être obtenu que par l'observation rigoureuse des règles que recommandent toutes bonnes constructions et qui consistent, pour ces sortes d'ouvrages, dans la bonne qualité des ciments et dans celle de leur agrégat. Ainsi, dans la construction des terrasses, des trottoirs, des rues, des dallages dans les établissements publics assujettis à une forte circulation, on ne devra pas se départir de l'emploi du ciment de Portland de première qualité et des matériaux concassés pour leur *agrégat*.

Le ciment de Portland, employé aux enduits et aux dallages, devra être rectifié au moyen de notre *agrégat* ou avoir au moins une année de fabrication, provenir d'une cuisson régulière et ne pas contenir un atome de chaux vive.

L'agrégat ordinaire devra se composer exclusivement de silex, de meulière ou de granit concassés à la grosseur prescrite. On doit aussi désirer, dans l'intérêt d'une bonne harmonie dans les transactions commerciales, que les fabricants de ciments prennent l'habitude de contrôler leurs produits à chaque fournée et qu'ils ne livrent plus à la consommation des ciments dont la fabrication serait douteuse ou ne répondrait pas aux besoins des ouvrages pour lesquels ils sont destinés ; si, par exemple, les ciments nouvellement fabriqués contenaient une quantité quelconque de *chaux vive,* ou que ceux à prise lente fussent d'une prise trop rapide, dans ces deux cas, le fabricant devra avoir recours à l'emploi de notre *agrégat,* ou avertir le consommateur pour que lui-même puisse en faire l'application.

Dans tous les cas, et pour sa propre sécurité, le consommateur devra analyser les ciments qui lui seront expédiés, à chaque livraison, et se rendre compte lui-même de leur état de fabrication. Toute négligence à cet égard pourrait non-seulement compromettre ses intérêts, mais aussi, en cas d'insuccès dans les ouvrages, il pourrait être accusé d'incurie ou de mauvaise foi, puisqu'il ne pourrait plus se prévaloir du manque de moyens de contrôle pour reconnaître la bonne ou la mauvaise qualité des ciments et des chaux. Il est certain qu'alors il serait impardonnable et devrait supporter toutes les conséquences de sa négligence et de la mauvaise exécution des ouvrages.

Ces observations ont, suivant nous, une telle importance

pour arriver à la bonne exécution des ouvrages, que nous avons cru devoir les placer dans notre préface, pour que l'applicateur les ait constamment sous les yeux.

Revenons maintenant, pour un instant, au récit de nos tribulations, pour bien pénétrer le public de tout ce qu'un homme est destiné à souffrir lorsqu'il néglige les intérêts matériels de la vie, pour se livrer à la recherche du bien, dans l'intérêt ou pour l'amour de l'art.

Les inventeurs n'ont pas seulement le souci de créer et de développer une idée; comme, en général, ils ne sont pas riches, il faut qu'ils se procurent les ressources nécessaires pour en arriver à leurs fins, ce qui n'est pas toujours chose facile, surtout en France où les inventions n'ont pas le privilège d'émouvoir les capitalistes à ce point d'aider les inventeurs dans leur tâche difficile, à moins d'en retirer la part du lion, sans risques ni périls. Dans cette circonstance, l'inventeur s'adresse à des tiers, qui ne manquent jamais non plus de grever sa position, le plus souvent pour de maigres services.

Ce n'est pas pour récriminer contre ces mauvais usages de la Société que nous allons retracer les avantures des diverses associations que notre pénurie nous obligea de rechercher pour nous créer les ressources nécessaires pour faire prévaloir notre invention de *béton-plastique*. Sachant bien que les inventeurs, comme le reste des mortels, doivent supporter avec courage et résignation les effets de la destinée, il est juste pourtant, pour cette classe d'hommes de pénibles labeurs, que le public sache ce que coûte la poursuite d'une idée, qui le plus souvent leur est funeste tout en rendant des services à la société.

Après l'exposition universelle de 1855, il fallut penser à mettre à couvert notre invention par un brevet, et à nous procurer ensuite les ressources pour son exploitation.

Un commerçant d'Agen qui se trouvait à Paris, et auquel

nous racontâmes nos peines, nous fit un prêt de cent francs pour la prise du brevet, à condition pourtant que s'il trouvait un capitaliste pour l'exploitation de l'invention, il rentrerait pour une part dans les bénéfices; ce qui fut dit fut fait, on voit déjà que cette personne ne prêtait pas son argent gratuitement.

Quelques jours après la prise du brevet, cette même personne me présenta à deux de ses amis, tous deux employés dans le journalisme; des pourparlers qui eurent lieu, il s'ensuivit un projet d'association dans laquelle ils promettaient d'apporter dans la société 10,000 fr., se disant en outre à même de faire prospérer l'industrie par les nombreuses relations qu'ils avaient avec des personnes haut placées dans les administrations dépendant des grands travaux publics.

Le rendez-vous fut pris pour le jour de la signature de l'acte de société, et ce jour-là l'un des associés déposa sur la table les 10,000 fr. promis; mais comme il fut lui-même constitué caissier de la société, il remporta les 10,000 fr., et, sous la foi de l'acte de société, nous commençâmes l'exploitation de la nouvelle industrie.

Pendant les premiers mois de cette exploitation, la dépense était minime puisqu'elle ne s'élevait qu'à un millier de francs environ; les paiements s'effectuaient de la part du caissier assez régulièrement, mais bientôt les tiraillements se firent sentir ; les paiements ne se faisant plus régulièrement il fallut en venir aux explications, et de ces explications devait ressortir la séparation qui se fit à l'amiable; mais en donnant toutes fois à nos coassociés pour compensation de leur retraite une somme égale à leurs avances, en billets à ordre, et en leur faisant une cession du brevet pour plusieurs départements de la France. Restant seul à la tête de l'affaire et réfléchissant sur ce qui venait de se passer, nous pensâmes que les 10,000 fr. qui avaient été exhibés le jour de l'acte de la société, appartenaient à la caisse d'une de leurs administrations, dont le caissier avait poussé la complaisance jusqu'à les leurs confier' pour faire réussir une affaire sur laquelle ils avaient conçu les plus belles espérances pour la formation d'une commandite qu'il ne purent réussir à constituer.

Après avoir liquidé cette première affaire, il fallut nous tourner d'un autre côté, et tâcher cette fois de trouver quelqu'un de sérieux pour relever notre industrie si mal menée dans les premiers jours ; après bien des recherches et des pourparlers, nous fîmes une nouvelle association avec un entrepreneur de travaux publics qui promit de faire toutes les avances nécessaires moyennant une part de 80 0/0 sur les bénéfices, et 500 fr. d'appointements mensuels.

Comme nous connaissions l'état de fortune et l'esprit entreprenant de cette personne, et que d'ailleurs il nous faisait espérer de grand travaux qu'il prétendait obtenir de personnes haut placées qu'il prétendait connaître, nous acceptâmes ces conditions quoique très-dures, dans l'espoir de nous retrouver dans la grande masse d'affaires qu'il nous faisait espérer.

Ce nouvel associé, doué d'une grande intelligence pour les entreprises de travaux publics, n'eut pas la même sagacité pour l'organisstion et l'exploitation de notre nouvelle industrie ; car, au lieu de chercher à développer l'industrie du *béton-plastique* qui commençait à être connue et à produire des bénéfices, il n'eut des yeux que pour notre machine à concasser les pierres, dans laquelle il apercevait, disait-il, une exploitation européenne qui devait produire des millions.

Nous aurions préféré, nous, le voir tourner du côté du *béton-plastique* qui était une chose certaine, mais à nos observations il nous répondait que nous ne comprenions pas l'importance de notre machine à concasser les pierres, que pour lui le béton-plastique n'était qu'un accessoire, que la grande affaire était dans l'exploitation des machines à concasser qu'il entendait faire construire lui-même, car, nous disait-il, vous avez eu l'étincelle de l'invention, et moi j'affirme que je comprends mieux que vous son importance et sa valeur; et comme vous ne risquez rien (on verra plus loin que nous risquions beaucoup) puisque c'est moi qui paie de mon argent, je prétends conduire l'affaire comme je l'entends; mêlez-vous du *béton-plastique* moi je me mêlerai de la construction et de l'exploitation de la machine à concasser les pierres; je me suis entendu avec un constructeur, apportez-moi vos plans pour que je les modifie, s'il y a lieu, et laissez-moi faire, car je suis plus que sûr que vous n'aurez pas à vous en plaindre.

Nous n'avions rien à répondre, puisque déjà ce monsieur nous avait dit que lui exposait ses capitaux, il devait donc, d'après lui, être libre dans ses actions; il est certain que sa raison aurait pu être admise, si chacun des associés avait été responsable de ses actes, mais, dans le vrai état des choses, il nous exposait à subir 20 0/0 sur les pertes, si, comme il était presque certain, il se trompait dans la construction des machines pour laquelle construction il n'avait aucune notion.

Pour avoir la paix dans le ménage, il fallut le laisser faire; une machine fut commandée et exécutée sur nos plans avec quelques modifications sans importance. Malgré que la première expérience de concassage fût très-imparfaite et d'une durée trop restreinte pour se former une opinion quelconque sur la valeur de l'invention, et sans poursuivre les expériences comme le recommandait la plus stricte prudence, sans nous consulter, cet imprudent associé commanda trois machines de plus; ce fût donc quatre machines qui nous restèrent sur les bras, puisque ni l'une ni l'autre ne purent fonctionner une journée entière sans se disloquer, et comment aurait-il pu en être autrement, puisque la force des pièces n'ayant pu être calculée avait été appliquée d'une manière arbitraire : il était donc plus naturel de modifier la première machine en la faisant fonctionner, et en poursuivant les modifications jusqu'à la perfection du système avant d'en construire d'autres.

Ces fausses manœuvres occasionnées par l'imprévoyance de cet associé grevèrent la société d'une perte sèche de 24,000 fr. Voyant que cet associé voulait, malgré tout, persister dans ses erreurs au sujet de ces machines à concasser, et profitant de ce que notre acte de société n'avait pas reçu les formalités de la publication, nous assignâmes cet imprudent constructeur en dissolution de société, laquelle nous fut accordée.

Il semblait tout naturel, puisque notre associé participait pour 80 0/0 dans les bénéfices, qu'il dût aussi supporter 80 0/0 pour sa part dans les pertes, surtout s'il était le seul auteur de ses fausses manœuvres ; il n'en fut pourtant pas ainsi, et avec tout l'aplomb qui caractérise les exploiteurs des pauvres gens, il nous proposa ou d'abandonner notre industrie et nos brevets, ou de lui rembourser intégralement les avances qu'il avait faites ; ne voulant pas accepter des conditions aussi arbitraires que peu raisonnables, il nous fallut chercher d'autres ressources pour continuer de le poursuivre et lui faire supporter les 80 0/0 de perte que nous étions en droit d'exiger.

Le hasard nous fit rencontrer un jeune homme qui avait été employé dans la construction d'un chemin de fer en même temps que nous ; nous lui racontâmes ce qui venait de nous arriver, il se proposa de trouver la personne qu'il fallait pour conduire notre affaire à bonne fin ; en effet, quelques jours plus tard le jeune homme se présenta à nous accompagné d'un ingénieur civil, c'était la personne, me dit-il, dont je vous ai parlé et qui est disposée à rentrer dans l'affaire, à condition pourtant que moi-même je ferai partie de la nouvelle association, et qu'au lieu de poursuivre votre ancien associé, on lui remboursera ses avances par des lettres de change souscrites à une échéance assez courte, si ces conditions vous conviennent vous pouvez considérer la chose comme terminée, dans trois jours nous reviendrons prendre votre réponse.

En réfléchissant, nous trouvâmes que ces Messieurs avaient une condescendance un peu large pour une personne qu'ils disaient ne pas connaître mais dont ils n'ignoraient pas les torts graves et le mal qu'il nous avait fait, en grevant par sa faute la Société d'une perte de 20 à 25,000 fr. Nous trouvions que c'était pousser la générosité un peu loin que de vouloir risquer son propre argent pour payer la sottise des autres, quand on pouvait surtout, en s'appuyant sur le droit, lui faire supporter 80 0/0 des pertes qu'il avait si maladroitement provoquées ; toutes nos bonnes raisons furent inutiles à ce sujet, c'était à prendre ou à laisser, nous disaient-ils ; dans l'état de choses, nous n'avions pas à choisir, les travaux nous arrivaient, il fallait prendre un parti ou faire le sacrifice d'une industrie que nous avions fondée avec la plus grande peine et les plus grands sacrifices, ou bien accepter de payer ce que nous ne devions pas; nous nous résolûmes à ce dernier parti, mais avec le pressentiment que cette affaire tomberait comme la première par le manque de ressources.

Toutefois un acte notarié fut passé sur les bases que nous allons développer ; quand au partage des bénéfices, 60 0/0 étaient acquis aux deux associés et à nous 40 0/0 ; nous apportions à la Société notre industrie et nos brevets, le tout grevé d'une dette d'environ 30,000 fr. à rembourser à notre ancien associé, qui sans doute était leur commanditaire anonyme ; eux s'engageaient à apporter 50,000 fr. dont 20 à titre d'apport et 30 à titre d'avance portant intérêt de 6 0/0.

Nous voilà constitués de nouveau et les travaux commençaient à bien marcher, mais les bénéfices que nous faisions comme nous l'avions prévu étaient insuffisants pour payer les lettres de change souscrites à notre ancien associé et aux dépenses du personnel de la nouvelle Société ; aussi, en travaillant comme un mercenaire, il n'y avait jamais d'argent à la caisse pour nous payer nos modestes appointements, et nous étions réduit, tout en faisant d'assez bons bénéfices, à emprunter pour vivre puisque les bénéfices disparaissaient sans que jamais nous n'en apercevions la trace.

Ce que nous avions pressenti ne manqua pas d'arriver, l'apport promis de 50,000 fr. par nos coassociés ne fut fait qu'à moitié et ne servit qu'à faire un appoint à nos bénéfices pour payer les 30,000 fr. de lettres de change souscrites à notre ancien associé, ainsi que les appointements d'un de nos nouveaux associés, caissier de la Société, dont l'état précaire ne lui permettait pas d'attendre un seul jour ; quant à nos appointements c'était autre chose, la caisse était toujours vide pour nous.

Cet état de choses ne pouvait durer, les livres nous étant cachés et ne voyant jamais un sou de notre travail, nous donnâmes une sommation au caissier de mettre la comptabilité à notre disposition, dont la vérification nous révéla des incorrections coupables qu'il fallut faire vider par le tribunal, qui prononça une seconde fois la dissolution de la Société et nomma un liquidateur chargé du règlement des comptes de la Société.

Cette liquidation dura près de deux années et pour respect à la justice nous ne dirons rien sur les turpitudes et les avanies qui se commirent pendant tout ce temps de chicanes et de discussions dont la mauvaise foi et le peu de scrupule ne cédaient en rien au parti-pris.

Après beaucoup de pourpalers, de dissertations et de

nombreuses entrevues, le liquidateur finit par rendre son rapport dans lequel il nous était reconnu un apport de 24,000 fr. mais comme il y en avait presque le double de perte on fit une compensation en me dépossédant de mes brevets et de mon industrie au profit de mes coassociés, en faisant un simulacre de vente, les ayant déjà reconnus comme créanciers; à cette adjudication on avait eu le soin de mettre dans le cahier des charges que les concurrents seraient obligés de fournir un cautionnement en argent, cette mesure était simplement un moyen de nous évincer car on savait que nous étions sans ressources, c'était un moyen plus ou moins honnête de nous dépouiller au profit de nos associés, lesquels se rendirent adjudicaires à titre de créanciers, mais ils eurent la gentillesse de nous offrir un emploi pour conduire leurs affaires qu'ils avaient si bien arrangées, et cela aux appointements de cinq francs par jour.

Disons de suite que l'un des associés, c'est-à-dire l'ingénieur civil ne resta pas longtemps à coopérer avec l'honnête caissier qui avait su si bien captiver la confiance du liquidateur, il le connaissait sans doute mieux que nous, aussi ne fut-il pas longtemps à se délivrer de ses griffes, de telle sorte que ce fut l'associé des trois qui offrait le moins de garanties intellectuelles et morales qui resta maître de la place, et s'il ne fit pas fortune ce ne fut pas faute d'appuis ni de travail, car il avait si bien manœuvré que tous les grands travaux de la ville lui furent concédés pendant de longues années; c'était bien là le cas de dire où la confiance allait-elle se nicher; quelle était la raison qui lui valut tant de faveurs, ce fut toujours un mystère pour nous. Cette confiance était d'autant moins méritée qu'il trompait l'administration en faisant le *béton-plastique* avec du sable; car, disait-il, les matériaux concassés me reviennent trop cher; il n'était pas d'avis de payer des matériaux 100 fr. le mètre cube, quand le sable lui coûtait tout au plus 10 fr. C'était donc 90 fr. de bénéfice par mètre cube qu'il pouvait réaliser ; et, puisqu'on ne lui opposait aucun obstacle, il croyait bien faire d'agir ainsi dans ses seuls intérêts ; depuis lors cet exemple fut suivi par tous les autres entrepreneurs de travaux en ciment, au détriment de la bonne confection des ouvrages et de l'administration de la ville de Paris ; ce fut donc à la tolérance coupable qui leur était accordée de substituer le sable au silex concassé, malgré les prescriptions du devis, que cette malfaçon fut mise en pratique, et voilà comment les meilleures choses prennent fin quand la complaisance se prête à servir la fraude.

Nous étions donc une fois de plus dépouillé de nos inventions et de notre industrie qui étaient tout notre avoir, tant cette liquidation nous fut fatale.

Cependant nous ne nous laissâmes pas abattre ; plus les injustices des hommes nous accablaient, plus notre courage augmentait ; étant dépossédé de notre brevet, il nous fallut le remplacer par une autre composition capable de nous continuer la confiance des personnes qui nous faisaient travailler. Nous remplaçâmes donc les matériaux concassés par les matériaux roulés, lavés et échantillonnés ; nous donnâmes à ce nouveau produit le nom de béton-hydraté ; beaucoup d'architectes nous continuèrent leur confiance, et au bout de quelque temps nous nous trouvâmes une nouvelle fois debout.

Malheureusement nous n'en avions pas encore fini, d'autres épreuves nous attendaient et de bien plus tristes encore.

Ayant quitté la France pour nous rendre en Italie pour faire prévaloir notre brevet, là encore d'autres malheurs nous y attendaient et ils furent grands comme on l'a déjà vu.

A notre départ pour l'Italie, nous avions confié la suite de nos affaires à un fondé de pouvoir auquel nous avions voulu faire du bien en considération de sa famille qui était de notre même pays ; cette personne était un notaire qui avait quitté le pays à la suite de mauvaises affaires, mais pensant qu'un pécheur pouvait s'amender, nous crûme bien faire de lui être utile en lui donnant le moyen de se relever tout en nous rendant service ; nous le fondâmes de pouvoir par acte notarié pour gérer la suite de nos affaires, lui laissant notre matériel, de l'argent, des travaux en cours d'exécution, ainsi que notre premier ouvrier.

Pendant la première année nous reçûmes une ou deux lettres de ce mandataire. Mais plus tard nous n'en reçûmes plus, de sorte que nous ne savions pas ce qu'il devenait. Cependant nous lui avions laissé d'assez grands intérêts entre les mains pour nous causer quelque inquiétude, mais nous étions tellement absorbé par nos malheurs d'Italie que nous avions presque oublié les intérêts que nous avions à Paris.

A notre retour, ayant appris que notre mandataire avait continuellement travaillé, nou eûmes naturellement quelque espoir de retrouver quelques ressources pour nous aider et nous soulager de nos pertes d'Italie ; mais grand fut notre étonnement; quand nous nous présentâmes à lui pour régler nos comptes, il nous déclara qu'il ne nous devait rien ; et comme nous le menaçions de le traduire devant les tribunaux, il nous répondit effrontément qu'il avait pris ses mesures et que quand bien même nous gagnerions notre procès nous n'aurions jamais rien.

Ainsi ce malheureux, que nous avions pris pour surveiller nos intérêts, que nous avions fondé de procuration par acte notarié et auquel nous avions laissé notre clientèle et une certaine somme d'argent pour faire face

aux besoins des travaux commencés, ainsi que notre matériel et nos ouvriers, qui travailla pendant sept années
consécutives en notre nom, et qui, s'il avait fait de mauvaises affaires, les aurait laissées à notre compte,
eh! bien, ce personnage, qui n'avait rien et qui avait
gagné une quarantaine de mille francs en travaillant pour
notre compte tandis que nous faisions des pertes en Italie,
eut l'adresse de persuader les tribunaux que malgré notre
procuration notariée et tous les faits éclatants dont nous
fournissions la preuve, il n'était pas notre mandataire,
que l'acte notarié et les annonces faites par lui dans les
annuaires ne prouvaient rien, qu'il ne nous devait rien et
que par conséquent nous n'avions rien à lui réclamer,
il eut raison et nous eûmes tort. Nous perdîmes en première
instance et en appel, et il ne nous resta pour toute consolation que la lettre ci-après de notre avocat :

» Paris, samedi soir, 18 décembre 1875.

» Monsieur,

» J'ai le regret de vous informer que l'organe du ministère public, tout en rendant justice à votre droiture et en
s'exprimant avec quelque énergie sur la moralité de votre
adversaire, a conclu contre vous à raison de la correspon-
dance ; la Cour a adopté les motifs des premiers juges et
confirmé le jugement qui vous condamne. Il est de mon
devoir de vous dire que je ne trouve l'arrêt exact ni en
fait ni en droit. La Cour de cassation est instituée pour les
malheureux comme pour les fortunés ; j'ai parlé de votre
affaire à l'un de mes confrères du barreau de la Cour de cassation qui m'a dit qu'un pourvoi pourrait avoir quelque
chance de réussite ; j'en ai parlé également à votre avoué,
Me B. Je vous conseille de travailler et d'estimer que votre

procès est définitivement perdu, toutefois je serais loin de désapprouver une demande d'assistance judiciaire fournie par vous entre les mains de M. le procureur-général près la Cour de cassation.

» Seulement comme le pourvoi doit être dans une certaine mesure jugé par le bureau d'assistance judiciaire près la Cour de cassation, je crois que, dans ce cas, si vous vous décidez à former une demande, il serait utile qu'une note fût jointe à votre lettre pour que la difficulté juridique fût clairement exposée aux membres du bureau.

» Quel que soit le parti auquel vous vous arrêterez, je vons engage à venir me voir samedi matin, de 9 à 10 heures, pour conférer avec moi au sujet de la résolution à prendre.

» J'ai l'honneur, etc.,

A.-T. M.

» avocat à la Cour d'Appel,

Nous regrettons sincèrement d'avoir été dans la nécessité d'initier nos lecteurs dans de pareils détails et de les avoir entretenus de choses aussi peu édifiantes sur le compte de notre pauvre société. Mais ils nous pardonneront de nous être épanché à eux, car il n'est pas toujours facile de se faire comprendre, la plupart des gens semblent croire que les inventeurs sont les parias de la société, destinés par la fatalité à devenir la proie des parasites éhontés qui fourmillent dans tous les pays au grand détriment du travail honnête et de la morale publique.

Trente années de labeurs et de privations peuvent-elles nous autoriser à raconter nos peines aux hommes de cœur, d'intelligence et de travail auxquels nous adressons notre ouvrage, nous l'espérons, et si nous ne nous sommes pas trompé, ce sera pour nous une grande consolation et un grand dédommagement pour tous nos malheurs et toutes les injustices que nous avons eues à subir.

Paris, le 24 juin 1876.

DUCOURNAU.

ANALYSE

ET

PERFECTIONNEMENTS NOUVEAUX

POUR

L'EMPLOI DES CIMENTS

DANS

LES OUVRAGES A L'AIR.

CHAPITRE Ier

ORIGINE DES CIMENTS A PRISE LENTE ET DE LEUR AGRÉGAT

On doit à M. Vicat, ingénieur français, les premiers travaux sur la recherche des ciments romains ou à prise prompte. Bien longtemps la France et les autres pays de l'Europe furent privés de ce produit, si utile aux constructions hydrauliques, que les Romains avaient employé si avantageusement dans leurs constructions gigantesques dont les ruines attestent encore l'incontestable supériorité.

Après M. Vicat, d'autres ingénieurs s'occupèrent aussi de donner un développement plus grand à la recherche et à la fabrication de ces sortes de ciments. Les grands travaux publics entrepris après 1830 sur tous les points de la France se prêtèrent merveilleusement aux études de théorie et de pratique et à la découverte des calcaires propices à la fabrication de ce produit, par l'exploitation de nombreuses carrières utiles à la grande masse des travaux entrepris.

La découverte des ciments romains, qui n'étaient autres que ceux que l'on fabrique aujourd'hui sur plusieurs points de la France, ne fut pas le dernier mot de nos intrépides chercheurs. La prise prompte de ce nouveau ciment, qui en faisait la qualité principale pour les emplois à l'eau, devenait un obstacle insurmontable pour les ouvrages exécutés à l'air, cette prise rapide s'opposant à toute manipulation prolongée. Son application, par ce fait, se trouvait réduite aux ouvrages en fondations : citernes, réservoirs d'eau, etc.

Le ciment à prise prompte, utile aux gros travaux hydrauliques, étant découvert, le problème se trouvait à demi résolu. Il fallut se remettre à l'œuvre avec la même persistance pour découvrir le ciment à prise lente, indispensable aux ouvrages exposés à l'air : enduits des murs, dallages et pavages. Ce fut une difficulté de longue haleine que M. Vicat et ses compétiteurs n'eurent pas le bonheur de résoudre, malgré leurs grandes connaissances et leur ardeur passionnée qu'ils ne cessèrent de déployer dans leurs recherches.

En 1844, on en était encore réduit aux ciments à prise rapide ; mais, à cette époque, M. Lebrun, ingénieur civil à Moissac (Tarn), avait compris que l'on pouvait obtenir un perfectionnement sur la prise trop rapide des ciments et sur l'augmentation de leur résistance, en faisant subir aux calcaires argileux une plus forte cuisson, dont les résultats seraient de modifier l'hydratation des silicates pendant leur immersion. Ce résultat obtenu, le ciment à prise lente était découvert.

M. Lebrun ayant pris un brevet, pour la France seulement, pour sa nouvelle méthode de fabrication de ciment à prise lente, ne fut pas peu surpris, un an après la prise de son brevet, d'apprendre que l'on fabriquait à Londres, aussi sous la garantie d'un brevet, le ciment à prise lente qu'il avait inventé, auquel on avait donné le nom de ciment de Portland, à cause de la similitude de sa couleur avec celle de la pierre de Portland, ville d'Angleterre.

Ce ciment ainsi perfectionné permettait une application générale, soit pour les travaux hydrauliques, soit pour les ouvrages exposés à l'air ; toutefois, soit à cause de l'inexpérience des ouvriers, soit l'absence d'un agrégat propice à son emploi, soit le défaut de fabrication de ce produit de nouvelle invention, les ouvrages exposés à l'air laissaient encore à désirer ; le retrait et le fendillement qui se produisaient dans les ouvrages de faible épaisseur, le rendaient impropre dans une multitude d'applications.

En 1849, ayant inventé notre machine à concasser les pierres, nous pensâmes qu'avec le détritus provenant de ce cassage mécanique on pouvait faire un excellent agrégat qui relierait les ciments et augmenterait leur résistance. Nos premiers essais furent faits à Agen (Lot-et-Garonne), avec un ciment provenant des fabriques de la vallée du Lot. Ces ciments, d'une fabrication médiocre, ne se prêtèrent que très-imparfaitement aux divers travaux d'expériences, mais il nous fut facile de constater l'effet avantageux produit par l'agrégat en pierres concassées.

Notre première expérience sérieuse consista en un dallage d'une terrasse exposée aux intempéries. Ce premier essai fut des plus médiocres, et le demi-succès obtenu devait en être plutôt attribué à l'excellence de l'agrégat composé de matériaux concassés qu'à la gangue en ciment dont la nature grasse et la prise rapide s'opposaient au principe de solidification absolue si nécessaire à ces sortes d'ouvrages.

Cependant nos produits, quoique d'une fabrication imparfaite, ne constituaient pas moins un principe nouveau, pouvant être d'une grande utilité dans l'emploi des ciments. Ce fut pour cette considération que notre béton ainsi que notre machine à concasser les pierres furent admis à l'Exposition universelle de 1855, par le jury de notre département, comme on put les voir, à la sixième classe, numéro 1,162. Nous pouvons ajouter même que ce fut la seule machine à concasser les pierres et les seuls échantillons de pavage en ciment exhibés.

En effet, au numéro 4,306 de la quatorzième classe, M. Lebrun, ingénieur français, avait exposés des échantillons de pierres factices fabriquées avec du sable et une matière de son invention qu'il nommait hydroplastique. Cette matière hydroplastique n'était autre que du ciment à prise lente de sa fabrication. Aux numéros 865 et 871 de la même classe de l'Exposition d'Angleterre, on pouvait voir aussi deux espèces de ciments se rapprochant beaucoup par la couleur et la qualité de celui qui avait servi à fabriquer les pierres exposées par M. Lebrun.

Après l'Exposition universelle, nous nous préoccupâmes de retrouver dans le commerce le ciment à prise lente que nous avions remarqué au Palais de l'Industrie ; après beaucoup de recherches infructueuses, le hasard nous fit découvrir que ce ciment était employé dans les travaux hydrauliques de l'administration des eaux de Versailles. Cette découverte nous fut d'autant plus précieuse, que nous ne pouvions reprendre le cours de nos expériences de notre *béton-plastique* sans avoir à notre disposition le ciment à prise lente, duquel, comme nous l'avons déjà dit, dépendait le succès de notre invention. Lorsque nous fûmes assuré du lieu de dépôt de ce ciment nouveau, nous nous mîmes en mesure de prendre un brevet, en sollicitant de M. le Préfet de la Seine un travail de trottoirs sur la voie publique, à titre d'essai.

Ce premier essai fut exécuté boulevard Sébastopol, sur le trottoir bordant la grille de la tour Saint-Jacques. Ce travail, malgré les imperfections d'exécution causées par l'inexpérience des ouvriers, ouvrit cependant les yeux aux incrédules qui ne pouvaient croire à la réussite des trottoirs en ciment. Un deuxième essai, pour le compte de l'administration des bâtiments civils, suivit de près celui de la tour Saint-Jacques ; il fut exécuté sous la direction de l'éminent architecte M. Henri Labrouste, rue Vivienne, en face la Bibliothèque nationale, longeant la grille de ce vaste établissement public. Cette deuxième expérience fut des plus concluantes ; aussi M. Henri Labrouste ne se cacha pas de nous dire le grand avantage qu'on pouvait retirer de l'emploi du *béton-plastique* dans maintes applications. Ces déclarations furent bientôt suivies de faits, par de nombreux travaux qu'il fit exécuter sous sa direction ; et cette industrie, délaissée par le jury de l'Exposition universelle, prit un si grand développement que bientôt son emploi fut adopté dans toutes les administrations publiques.

Il résulte de ce qui précède que, pendant que M. Lebrun, ingénieur civil à Moissac, s'occupait de perfectionner la prise trop rapide des ciments, nous, à Agen, à la même époque et à quelques lieues de distance, nous cherchions à leur substituer un nouvel agrégat pour augmenter leur résistance et neutraliser leur retrait (1). Il est probable que si nous nous étions rencontrés avec M. Lebrun avant l'ouverture de l'Exposition universelle, nous nous serions entendus pour exhiber ensemble, au Palais de l'Industrie, le *béton-plastique* dans toute sa perfection, car si M. Lebrun avait inventé le ciment à prise lente, nous en avions, nous aussi, reconnu l'impérieuse nécessité pour perfectionner notre produit de béton-plastique fait avec l'agrégat de matériaux concassés.

Avant la découverte des ciments, surtout du ciment à prise lente, on se servait des pouzzolanes naturelles ou artificielles. Les premières provenaient d'Italie, mais la consommation en était comparativement restreinte à cause de la difficulté des transports ; on la remplaçait généralement par un ciment composé de tuileaux pulvérisés ou par une poudre d'argile cuite. Nous n'avons pas à nous occuper ici de ces produits primitifs, mais nous en dirons un peu plus long dans le chapitre suivant, relatif à l'emploi des mortiers et des bétons.

---

(1) A cette époque, nous étions comme tous les autres constructeurs ; nous pensions que le retrait des ciments était une cause inhérente à leur nature, et qu'il ne pouvait y être remédié qu'en leur appliquant un alliage capable de les relier et de les maintenir dans leur état parfait de cohésion.

Cette opinion se trouvait partagée par les hommes les plus éminents dans la science, qui n'avaient pu encore sans doute se pénétrer de la véritable cause du mal et du remède à y apporter.

Ce ne fut qu'après de longues années de pratique sur l'emploi des meilleurs ciments mélangés de matériaux concassés, que nous restâmes convaincus que ces derniers matériaux ne pouvaient empêcher les fentes et le fayençage des ciments nouvellement fabriqués. Nos observations répétées nous firent découvrir que le retrait des ciments n'avait pour cause que la présence de la chaux vive dans les poudres de fraîche fabrication. Le principe du mal étant découvert, nous nous occupâmes de trouver le moyen d'y remédier au moyen d'un agent étranger à la fabrication des ciments, pour vieillir ceux nouvellement fabriqués, c'est-à-dire pour dissoudre la chaux vive contenue dans les poudres avant la prise des ciments, et c'est à quoi est destiné *l'agrégat* que nous avons inventé.

CHAPITRE II

---

§ I.

Mortiers

On appelle mortier de chaux un mélange fait avec de la chaux et du sable ; si on remplace la chaux par du ciment, dans ce cas le mélange prend le nom de mortier-ciment.

C'est donc à tort que l'on donne le nom de béton comprimé ou de béton aggloméré aux divers mélanges de chaux, de ciment et de sable, car leurs vrais noms sont bien mortiers comprimés et mortiers agglomérés.

Avant l'invention, ou du moins avant la découverte des ciments romains, du Lot, de Pouilly, de Vassy, etc., les con_structeurs mélangeaient à la pâte des chaux grasses ou maigres, une quantité de pouzzolane pour en activer la prise, et faute de celle-ci, une quantité de ciment de tuileaux pulvérisés. Ce dernier produit était généralement employé dans les constructions hydrauliques du Midi de la France. On en fit une consommation considérable pour la construction des ponts de Bordeaux, d'Agen et d'Aiguillon, de 1819 à 1828. Ce ne fut qu'après 1830 que le ciment romain commença à être mis en usage.

Le ciment de tuileaux pulvérisés n'offrait pas la même énergie simultanée sur les pâtes de chaux que la pouzzolane naturelle ; mais nous avions pu constater sur de vieux mortiers faits avec la poudre de tuileaux pulvérisés une dureté sinon exceptionnelle du moins supérieure aux mortiers-ciments. On obtenait d'excellents mortiers avec deux parties de chaux hydraulique, une partie de poudre de tuileaux pulvérisés et deux parties de sable de rivière; tandis que d'autres mortiers faits avec du ciment romain de la vallée du Lot, avec les mêmes proportions de sable, ne produisaient le plus souvent que des résultats médiocres et quelquefois nuls.

Les mortiers-ciments faits avec de la chaux hydraulique, de poudre de tuileaux pulvérisés et du sable de rivière, se comportent beaucoup mieux dans les emplois faits à l'air que les mortiers faits en ciment romain; mais nous devons dire aussi que leur emploi demande beaucoup plus de soin et de temps que ces derniers.

Ainsi, pour la construction des bassins susceptibles d'être tantôt pleins et tantôt vides, surtout aux époques des fortes chaleurs, les enduits faits en mortier-ciment de tuileaux pulvérisés et de chaux hydraulique résistent davantage que les enduits faits en ciment romain; ceux-ci résistent peu de temps à l'ardeur du soleil sans se fayencer ou se boursouffler dans toutes les parties non immergées (1).

---

(1) Il ne faut pas croire cependant que ce soit l'air ou le soleil qui provoquent les fentes ou le fayençage de ces sortes d'enduits; les effets en sont toujours dus à la chaux vive que contiennent les poudres avant le gâchage et qui ont lieu même pendant l'immersion. Ces fentes, presque imperceptibles, maintenues par la fraîcheur de l'eau, s'agrandissent au contact de l'air, d'une manière presque instantannée, par l'effet de l'évaporation du gaz engendré par la dissolution des grumeaux, dont l'hydratation ne s'est effectuée qu'après la prise des ciments.

Une autre cause dont on doit attribuer le soulèvement des emplois et par conséquent leur fendillement, c'est l'exécution des enduits sur des massifs faits en maconnerie de moellons ou en béton de chaux. Il est très-imprudent d'effectuer les enduits en ciment sur ces sortes de maçonneries, avant la complète hydratation de la chaux et l'évaporation du gaz qui s'en dégage.

Nous conseillons donc, par conséquent, lorsqu'il s'agira d'établir des enduits en ciment sur des voûtes ou autres massifs en maçonnerie de chaux, de laisser reposer ces maçonneries pendant un certain temps et de faire ensuite dessus un roccaillage d'une certaine épaisseur en mortier-ciment de Portland, destiné à recevoir l'enduit en ciment. Ces précautions sont bonnes à prendre et indispensables pour le succès des ouvrages exécutés même avec des ciments de première qualité.

3

Un autre cas à signaler où les mortiers-ciments de tuileaux pulvérisés sont encore préférables aux ciments romains, surtout si on l'applique à un emploi et à une manipulation intelligente, c'est à la construction des pavages. En faisant ce genre d'ouvrage, nous avons remarqué l'efficacité de la prise lente des mortiers et l'insuccès des mortiers à prise rapide ; les pavages en mortiers-ciments de tuileaux pulvérisés prenaient, dans quelques mois de leur fabrication, une dureté au moins égale à la meilleure brique, et, dans quelques années, leur dureté pouvait défier celle de la pierre ordinaire, et, tandis que ces mortiers faits avec des tuileaux pulvérisés durcissaient en vieillissant, les mortiers faits en ciment romain se dégradaient au bout de quelques années d'usage et souvent de quelques mois.

Si l'on tient encore à avoir une autre preuve sur l'infériorité des ciments à prise rapide, sur les pouzzolanes et les tuileaux pulvérisés, on la trouvera auprès des fabricants des dallages de mosaïques italiennes, qui préfèrent mélanger leur mortier de chaux avec le ciment de tuileaux pulvérisés que de se servir du ciment romain dans leur ouvrage. On dira peut-être que la raison pour laquelle les fabricants de mosaïques n'emploient pas le ciment romain de préférence au ciment de tuileaux pulvérisés, c'est à cause de sa prise rapide ; mais ce n'est pas là l'unique raison qui le fait répudier pour ces sortes d'ouvrages ; la principale cause c'est que sa nature ne se prête pas à une manipulation facile, même quand sa prise se trouve modifiée par une digestion prolongée. Dans ce dernier cas, au lieu de se solidifier après sa mise en œuvre, il se ramollit pour ne plus reprendre de consistance. Il faut bien que la poudre de tuileaux pulvérisés ait une qualité spéciale pour ce mode de dallages puisqu'en Italie même, pays de la pouzzolane naturelle, ces mêmes ouvriers donnent encore la préférence aux tuileaux pulvérisés.

Si donc le ciment de tuileaux pulvérisés peut être employé avec avantage pour certains travaux hydrauliques, d'un autre côté, dans beaucoup de circonstances, sa prise extra-lente ne permet pas de s'en servir, comme par exemple pour les enduits contre les murs humides ou assujettis à des infiltrations, dans des fondations non étanches. Dans ces cas

exceptionnels, on doit avoir recours au ciment romain fraîchement fabriqué, dont la prise presque instantanée devra
produire de bons résultats.

Si nous nous sommes étendu si longuement sur le ciment
de tuileaux pulvérisés, cela a été pour mieux faire ressortir
l'importance du ciment à prise lente, et le service rendu à
l'art de la construction par cette nouvelle invention.

Entre ces deux extrêmes du ciment de tuileaux d'une prise
extra-lente et le ciment romain d'une prise extra-prompte, il
était utile de trouver un nouveau ciment, à prise moyenne,
susceptible d'être employé à n'importe quel travail, soit à
l'eau, soit à l'air. M. Lebrun, par son ciment hydro-plas-
tique, et les Anglais, par leur ciment de Portland, exhibés à
l'Exposition universelle de 1855, se trouvaient avoir résolu
cette question importante.

Dans les premières années, c'est-à-dire jusqu'à 1866, les
ciments de Portland laissaient encore à désirer sur divers
points de leur fabrication ; aussi ces imperfections furent-
elles cause de grandes avaries et par conséquent de grandes
pertes pour un certain nombre d'applicateurs ; pour notre
compte, nous eûmes à nous en plaindre souvent, et ne ces-
sâmes de conseiller aux fabricants d'apporter plus d'attention et plus de soins dans leur fabrication. Nos conseils ne
furent pas méconnus par plusieurs d'entre eux et nos
plaintes ne restèrent pas sans effet. D'autres fabricants, qui
voulurent faire des entreprises pour leur propre compte,
pour employer leur ciment eux-mêmes, apprirent à leurs
dépens à connaître les imperfections de leurs produits ; ils
s'ingénièrent alors de diviser leur fabrication en deux catégories, c'est-à-dire qu'à chaque fournée ils firent un choix
des fragments les plus cuits pour en faire le ciment de première qualité destiné aux ouvrages de faibles épaisseurs, et
les fragments les moins cuits pour les ciments destinés aux
grosses maçonneries.

A partir de cette époque, les enduits verticaux, les dallages
et en général tous les ouvrages de faible épaisseur faits avec
ce ciment de premier choix, furent préservés en partie des
nombreux accidents auxquels ils étaient assujettis avant ce
nouveau perfectionnement.

Les fabricants avaient donc reconnu que plus le ciment de Portland était cuit, plus il était bon pour les emplois à l'air ; c'était là une observation utile et qui ne manquait pas d'intérêt.

Il résulte donc de ce qui précède que plus le ciment de Portland est cuit et plus les fragments de pierres soumis à la cuisson se rapprochent de l'état de vitrification, sans que la vitrification soit complète, moins il est susceptible aux retraits, aux fendillements et aux boursoufflures après l'emploi. Si le choix et la préparation de ces fragments, si leur mouture surtout coûte plus cher, les services rendus à la construction par la qualité supérieure de ce produit, compensent et au-delà ce surcroît de dépenses.

Il reste donc acquis, de ces diverses observations, que les ciments romains et les ciments de Portland de deuxième qualité doivent être employés pour les mortiers destinés aux gros travaux hydrauliques, et que le ciment de Portland de première qualité, c'est-à-dire le plus cuit et dont les fragments auront été les mieux choisis, doit être exclusivement réservé pour les mortiers employés aux ouvrages de faible épaisseur, qu'ils soient ou non exposés à l'air. Quant aux ciments primitifs de tuileaux pulvérisés, ils se trouvent totalement abandonnés depuis l'invention du ciment de Portland dont la prise lente et les autres qualités sont incontestablement de beaucoup supérieures.

Quelques industriels de Paris, mal inspirés, ayant voulu substituer les mortiers-ciment au *béton-plastique*, nous croyons devoir, autant dans l'intérêt des constructeurs que dans celui de notre invention, faire ressortir les inconvénients graves que présente une pareille substitution.

Le premier de ces industriels qui s'ingénia de faire concurrence au *béton-plastique*, fut M. Coignet, chimiste habile, mais manquant des connaissances pratiques dans l'art de la construction. Il se figura (et nous l'avons toujours cru de bonne foi dans ses croyances) que la gangue abondante dans les mortiers leur était sinon nuisible au moins superflue, et que, pour remplacer cet excès de gangue, qui d'après lui augmentait le prix du mortier, sans utilité, il n'y avait qu'à procéder à la compression des mortiers maigres pour obtenir la même résistance. Suivons M. Coignet, dans sa lettre adressée à M. le président des architectes, que nous copions textuellement dans une de ses brochures imprimées en 1865 :

« *A Monsieur le Président de la Société des Architectes.*

» Monsieur le Président,

» Nous venons de nouveau appeler l'attention sur le parti que l'art de bâtir peut tirer de l'emploi des bétons agglomérés, système Coignet.

» L'année 1864, qui vient de s'écouler, par les applications faites et les succès obtenus, a définitivement consacré la valeur de ce nouveau système de construction ; désormais, il est passé dans la pratique et chaque jour en généralise l'usage.

» Frappés des avantages de solidité et d'économie présentés par ce procédé, MM. les architectes de la ville de Paris ont cru devoir faire figurer les bétons agglomérés aux tarifs de la ville et en admettre l'emploi dans toutes les constructions.

» Des essais officiels, faits au Conservatoire des Arts et Métiers par M. Michelot, ingénieur en chef des ponts et chaussées, ont prouvé que la résistance de la maçonnerie de bétons agglomérés (250 à 500 kilogrammes par centimètre carré, suivant la composition), atteint, si elle ne dépasse pas de beaucoup, celle des pierres les plus dures ordinairement employées.

» La ville de Paris a définitivement adopté les bétons agglomérés pour ses travaux hydrauliques : notamment près de trente mille mètres d'égouts ont été construits depuis trois ans par ce procédé, et, jusqu'à présent, ils n'ont donné lieu à aucune espèce de réparations.

» Des ponts ont déjà été construits ; un grand nombre sont à l'étude, et les chemins de fer ont déjà adopté le béton aggloméré pour dallages et pour voûtes.

» Des applications aussi nombreuses qu'importantes en ont été faites, en 1864, par les principaux architectes de Paris.

» Les succès obtenus nous ont permis de fonder à Paris une société spéciale ayant pour objet l'entreprise de toutes espèces de constructions en béton aggloméré, système Coignet.

» Nos moyens d'exécution ont été perfectionnés ; notre personnel et notre matériel ont été augmentés, et nous sommes en mesure, aujourd'hui, d'exécuter, avec garantie, tous les travaux qui pourraient nous être confiés.

» Nous prenons la liberté de vous signaler les applications qui présentent le plus d'avantages pour l'architecture, au point de vue soit de l'économie, soit de la solidité. »

Dans cette lettre, où M. Coignet laisse apercevoir tout son enthousiasme et toute sa confiance pour sa méthode, nous nous permettrons d'y relever quelques erreurs que le temps et l'expérience sont venus consacrer :

1° Admission de l'emploi du béton aggloméré au tarif de la Ville de Paris, supprimé en 1873 à cause des mauvais résultats obtenus, tandis que le *béton-plastique* a été conservé dans la série des prix ;

2° Essais faits au Conservatoire des Arts et Métiers, ne prouvant rien, attendu que tous les mortiers maigres dégénèrent en vieillissant et qu'il eût fallu, pour prouver l'exception à la règle en faveur du mortier Coignet, que la même expérience fût répétée pendant quelques années, en ayant soin d'exposer les produits d'essai à l'air et surtout au soleil; alors seulement il eût pu être déduit une conclusion définitive et rationnelle que le temps, dans sa logique fatale, est venu démontrer ;

3° Les bétons agglomérés pour dallages adoptés par les chemins de fer et autres administrations ont été, pour la plus grande partie, très-mauvais et de courte durée.

L'erreur de M. Coignet fut de vouloir généraliser l'application de son système, et de ne pas comprendre que les mortiers maigres employés à l'air n'acquièrent avec le temps qu'une faible consistance, même lorsqu'ils sont comprimés, le rapprochement des molécules produit par la compression n'étant pas suffisant à leur solidification, attendu que la plus grande partie des grains se trouvant privés de l'enveloppe pâteuse nécessaire à l'hydratation des mortiers par la division infinie produite par la masse disproportionnée sur la quantité de gangue destinée à les relier. Si M. Coignet avait réduit l'emploi de ses mortiers aux massifs des fondations ou autres travaux en sous-sol et lieux humides, il est probable que sa méthode se serait maintenue et aurait rendu des services dans ces sortes d'applications.

Nous recueillons une autre preuve contre les mortiers maigres, dans une brochure intitulée : *Essais sur les chaux à bâtir et sur les mortiers calcaires de M. Fourmy*, imprimée en 1827. Cet industriel s'exprime de la manière suivante à l'article 69 de sa brochure :

« On a mis en question : 1° les proportions qui doivent régner entre les chaux et les alliages externes dans la préparation des mortiers ; 2° la grosseur que doivent avoir les alliages.

» Sur le premier point, la question pourrait paraître toute simple et se réduire à ce qu'une chaux doit recevoir plus ou moins d'alliage externe, selon qu'elle en contient plus ou moins d'interne (1), ce qui équivaudrait à dire qu'elle en

---

(1) On devrait avoir égard à ce principe, pour les ciments de Portland surtout, avant de déterminer la quantité de sable que l'on destine à leur mélange. On devrait donc se rendre compte de la quantité du résidu qu'ils contiennent, car tel ciment qui contient quarante pour cent de résidu ne peut supporter qu'une dose de sable moindre que celui qui en contient vingt-cinq pour cent, en supposant les deux sortes de ciments de la même nature et de la même qualité de fabrication. Il est clair qu'à la même quantité de sable, celui qui ne contiendra dans les poudres que vingt-cinq pour cent de matières inertes acquièrera une résistance beaucoup plus forte que celui qui en contiendra quarante pour cent. Il est donc indispensable de se rendre un compte exact de l'état de la poudre des ciments relativement aux résidus, avant de déterminer la quantité de sable que l'on devra y mélanger.

On ne peut trouver rien de plus arbitraire que le dosage du sable tel qu'il se pratique aujourd'hui dans la fabrication des mortiers-ciments et autres.

Généralement on compose les mortiers avec une, deux ou trois parties de sable et quelquefois plus, pour une partie de chaux ou de ciment, sans se préoccuper que le sable soit plus ou moins pur et la chaux et le ciment plus ou moins bien fabriqués. On a pour habitude de faire des mortiers avec ce qu'on est convenu d'appeler un pour un, deux pour un, trois pour

doit recevoir d'autant plus qu'elle est plus grasse, et *vice versa*. Mais ce principe, assez exactement applicable aux mortiers lents, ne l'est pas également aux mortiers prompts. La préparation de ceux-ci doit varier, non-seulement en raison de la maigreur de la chaux, non-seulement en raison de la promptitude soit de cette chaux, soit de l'alliage externe qu'on lui associe, mais encore en raison du degré de promptitude qu'on veut obtenir dans le mortier, c'est-à-dire qu'elle doit varier à l'infini.

» Le second point : indépendamment de leur fonction solidifiante, les alliages externes exercent celles des divisants ; à ce dernier titre, ils diminuent le retrait et préviennent la

---

un, etc., et on fait ces mortiers ainsi dosés au petit bonheur, sans se rendre compte de l'état hygrométrique et de la fabrication des poudres, sans se préoccuper de leur degrés d'énergie ou de la quantité des résidus ou autres matières inertes qu'elles renferment.

Si on pouvait se procurer des échantillons de mortier de tous les ouvrages qui s'exécutent dans le même pays pendant la même semaine, il serait intéressant de les soumettre à des expériences, afin de constater l'état de consistance de chacun. Nous ne nous écarterons guère de la vérité en disant que les trois-quarts de ces mortiers ne présenteraient que des résultats fort médiocres sous le rapport de la consistance et surtout sous celui de l'uniformité.

Four les mortiers-ciments, les applicateurs ont la mauvaise habitude de ne chercher le plus souvent que les qualités de ciments qui, soit-disant, portent le plus de sable, c'est-à-dire les poudres qui produisent la plus forte quantité de pâte, sans s'apercevoir que ces sortes de ciments sont de ceux qui contiennent la plus grande quantité de chaux et qui par conséquent présentent la plus faible somme de résistance après l'emploi ; sans se préoccuper en outre que les sables sont, par principe, nuisibles à la résistance des ciments, et à plus forte raison lorsque la dose est disproportionnée à leur état de fabrication, ce qui n'est pas la même chose pour les chaux dont la prise extra-lente facilite les hydrates dans leur combinaison chimique, tandis que la prise prompte des ciments ne fait que les compromettre quand elle ne les détruit pas complétement.

Plusieurs causes concourent à l'infériorité des mortiers dont la quantité de sable est disproportionnée : la première, ce sont les détritus ou résidus que renferment les poudres, dont la quantité est souvent considérable, ensuite le degrès de la cuisson, l'âge, leur état hygrométrique, etc., et les matières tendres que contiennent les sables : craie, argile, etc., et surtout le trop fort volume d'eau employé à leur fabrication, exigé par la trop forte quantité de sable mélangé aux poudres. Ce surcroît d'eau dans la fabrica-

gerçure. Ainsi, sous ce double rapport, non-seulement la grosseur mais encore la texture méritent attention. Un alliage trop gros détruit la ténacité du mortier. Trop fin, il ne prévient pas la gerçure. Trop abondant, il accélère trop la dessiccation, ce qui nuit à la solidité. »

M. Fourmy a complétement raison, plus l'agrégat d'un mortier est fin et abondant, plus il dessèche la gangue et la rend impuissante à son hydratation. Nous dirons encore ici, avec cet auteur, qu'avant de déterminer la quantité de l'a-grégat à introduire aux pâtes de chaux ou de ciment, il est de première nécessité de connaître la quantité de *frites* ou de résidus que contiennent les poudres : car telle chaux peut

---

tion des mortiers, en réduisant les ciments en bouillie, leur enlève une partie de leur énergie.

Les ciments à prise rapide, qui ont été réduits en bouillie par une trop grande quantité d'eau, font prise quand même et semblent prendre une certaine consistance; mais cette dureté n'est que factice, car bientôt les pâtes se ramollissent. Il faut donc, dans l'intérêt de la solidité des ouvrages, cesser cette mauvaise habitude empirique dans le dosage des sables, et mettre en pratique les principes déduits de notre analyse, dont nous démontrerons plus loin la simplicité.

Tous les mortiers composés de chaux et de sable doivent avoir un minimum de résistance. D'après nous, ce minimum doit être au moins égal à la pierre la plus tendre employée dans les bonnes constructions. La quantité de la gangue doit toujours être proportionnée à l'état du ciment ou de la chaux, en considérant l'âge, la cuisson, l'état hygrométrique des poudres et les autres éléments de fabrication, ainsi que la nature et la grosseur des grains de leurs agrégats. Plus les sables mélangés aux pâtes seront fins, plus la quantité de gangue devra être abondante.

Pour les mortiers-ciments, on devra employer de préférence, comme nous l'avons déjà dit, les matériaux durs concassés pour agrégat, ou des sables siliceux purgés et lavés. Dans le premier cas, malgré la finesse des grains des matériaux concassés, le mélange prendra le nom de *béton*, et, dans le second cas, malgré la grosseur des grains, le mélange prendra le nom de *mortier*.

Nous pensons nous être assez expliqué sur la nature et le dosage des agrégats à mélanger aux pâtes de ciments et de chaux pour persuader les constructeurs du grand intérêt qu'il y aura de suivre nos instructions à ce sujet.

Les auteurs les plus compétents et les plus distingués ont toujours négligé de recommander d'apprécier l'état des ciments et des chaux, avant de déterminer la quantité d'agrégat qu'ils pouvaient supporter, suivant leur

en contenir dix pour cent, comme tel ciment peut en contenir cinquante, suivant que la cuisson de l'un ou de l'autre produit aura subi une température plus ou moins élevée, et que le tamisage des poudres aura été plus ou moins bien fait.

A la fin de sa brochure, M. Fourmy semble reconnaître la nécessité d'un moyen pratique pour contrôler les diverses qualités de chaux, et sans doute aussi leur bon ou mauvais état de fabrication; on en jugera par son raisonnement dans l'article 115 et dernier de sa brochure que nous rapportons ici :

« Mais comme les moindres difficultés arrêtent souvent les personnes peu familiarisées avec les opérations pratiques des

---

nature et leur état de fabrication. C'est là une lacune que nous avons dù combler par un principe dont il sera bon de ne pas se départir.

Lors de la première expérience de notre *agrégat*, des personnes très-compétentes dans la fabrication des mortiers, un ingénieur même, nous déclarèrent, à première vue, sans se rendre compte de notre produit, que notre invention remplissait simplement les fonctions du sable, quant au ralentissement de la prise des mortiers. Nous avions beau leur dire que, si on ne mettait que dix pour cent de sable dans les mortiers, l'effet du sable serait insensible, tandis que dix pour cent de notre *agrégat* suffisait pour ralentir la prise ; ils ne répondaient pas à notre observation et persistaient dans leur dilemme que le sable ralentissait la prise des mortiers.

Oui, le sable ralentit la prise des mortiers, mais au grand détriment de la résistance.

Ce n'est pas le sable proprement dit qui ralentit la prise des mortiers, mais bien l'eau qu'on est obligé de mettre en sus de la proportion nécessaire à la bonne hydratation des ciments.

Ainsi, généralement, il faut, pour gâcher la poudre du ciment pur d'une manière convenable et pour lui conserver la résistance commune à son degré de cuisson, un volume d'eau égal à la moitié de sa bouillie produite à l'analyse.

Si on adjoint une quantité de sable plus ou moins forte pour obtenir une économie sur le prix des mortiers, plus cette quantité sera forte, plus le mélange exigera une plus grande quantité d'eau qui diminuera d'autant la résistance des mortiers.

On voit donc d'après ceci que ce n'est pas le sable qui ralentit la prise des mortiers, comme beaucoup de constructeurs semblent le croire.

Comme nous l'avons déjà dit, l'excès de sable nuit à la résistance des ciments; il n'a donc qu'un but, celui d'en diminuer le prix du revient, mais c'est un but qui porte le plus grand préjudice à la solidité des ouvrages.

arts (M. Fourmy était un fabricant d'hygiocérames), je croirais ne pas avoir rempli la tâche que je me suis imposée, si je ne donnais, comme conséquence de mes principes, le moyen de trouver, d'une manière purement empirique, la composition, non-seulement d'une chàux oud'une *frite* quelconque, mais de toutes espèces de chaux, de *frites*, de mortiers et autres matériaux analogues. Ce sera le sujet d'un autre mémoire. »

Nous avons cherché à nous procurer le deuxième mémoire promis par M. Fourmy, que nous n'avons pu découvrir. nous aurions cependant désiré connaître le principe de sa méthode, pour la comparer avec notre analyse ; mais toutes nos recherches ont été infructueuses. Toutefois, il reste acquis qu'à cette époque déjà on reconnaissait la nécessité d'un moyen pratique pour expertiser les diverses qualités de chaux, car il n'était encore que très-peu question de ciments, tandis que les chaux hydrauliques commençaient à prendre une extension très-considérable. On ne doit donc pas être surpris des études et recherches sérieuses que M. Fourmy retrace dans sa brochure.

Il nous reste à dire encore quelques mots sur les mortiers comprimés, que quelques autres industriels emploient à la confection des dallages. Quoique ces mortiers soient un peu plus fournis en gangue que ceux de M. Coignet, ils ne présentent aussi qu'une solidité médiocre. La couche supérieure de ces dallages, d'un centimètre environ d'épaisseur, se compose de deux parties de sable et d'une partie de ciment, le plus souvent de mauvaise qualité. Cette couche déjà mauvaise par la faiblesse de sa gangue, repose sur une couche de fondation de béton maigre de quatre à cinq centimètres d'épaisseur. Cette couche de béton maigre s'oppose par principe à l'adhérence de la couche supérieure qui se boursouffle, se fendille et par conséquent se désagrége.

Quant aux sables employés dans ces sortes de mortiers, ce sont le plus souvent des sables de plaine ou des sables de rivières, dragués dans des lieux vaseux, qui contiennent des matières terreuses ou autres substances non moins nuisibles à la confection des mortiers.

Ces dallages, ainsi confectionnés avec ces matériaux im-

propres, n'ont aucune consistance et leur usure prématurée
engendre à leur surface des couches permanentes de poussière nuisible à la fois à leur aspect et à la salubrité publique.
Ces inconvénients d'usure et de poussière sont le plus souvent des causes préjudiciables à la santé, surtout dans les
établissements publics, écoles, chemins de fer, églises, où le
piétinement est grand.

Nous pensons qu'après ces quelques explications, les constructeurs et Messieurs les architectes seront à même de
mieux apprécier les bons résultats produits par notre *béton-
plastique*, dans ces sortes d'ouvrages, et qu'ils ne confon-
dront plus ce produit avec les mortiers-ciments qui, jusqu'à
ce jour, n'ont produit que de mauvais résultats.

§ II

Betons ordinaires et Béton-Plastique

Dans l'art de la construction, on nomme béton un mélange
de mortier de chaux ou de mortier-ciment avec du caillou
roulé ou des fragments de pierres concassées. Ces sortes de
bétons sont employés dans les fondations des ponts ou des
constructions civiles.

Ce béton a la propriété de se former en une masse compacte et de se transformer en un rocher artificiel, d'une résistance aussi forte qu'uniforme sur toutes ses parties, résistance destinée à prévenir les tassements des constructions,
et par conséquent de les préserver des fissures et autres dé-
gradations.

Le *béton-plastique* dérive de ce gros béton de maçonnerie,
mais il a ceci de particulier qu'il est fait assez fin pour pouvoir être employé dans tous les travaux intelligents et de
faible épaisseur, comme dallages, enduits sur murs, moulages, etc.

L'expérience nous ayant fourni les moyens d'apprécier la
supériorité des matériaux concassés sur les matériaux roulés
employés aux gros bétons, nous avons cherché à en faire
usage pour les bétons à enduits, et en avons fait un prin-

cipe particulier pour notre *béton-plastique*, auquel il doit sà grande dureté et sa supériorité incontestable sur les mortiers-ciments.

C'est à Agen, département de Lot-et-Garonne, en l'année 1853, que nous fîmes les premiers essais du *béton-plastique*. Ces premiers essais se composaient de ciment romain provenant des fabriques de la vallée du Lot, et de détritus de cailloux concassés extraits dans les bancs de la Garonne.

Quelques années avant, nous voulûmes faire des expériences de dallages en mortier-ciment, mais nous ne poursuivîmes pas trop longtemps la suite de nos opérations sans nous apercevoir que l'agrégat en sable était impropre à ces sortes d'ouvrages, par la raison que les sables les plus purs contiennent une certaine quantité de matériaux tendres : argile, calcaire, craie, etc., et que ces matériaux hétérogènes s'opposent toujours à la cristallisation de la surface des emplois en ciment, et détruisent par conséquent le principe de conservation des dallages et autres travaux soumis au frottement ou autres actions physiques. Ce ne fut donc que quelques années plus tard, après l'invention de notre machine à concasser, que nous reprîmes la suite de nos essais, puisque nous avions sous la main l'agrégat qui devait remplir les conditions nécessaires à la bonne confection des ouvrages de faible épaisseur et exposés à l'air.

Le premier essai que nous fîmes avec ce nouvel agrégat fut le dallage d'une terrasse d'une assez grande dimension, établie sur une charpente en bois. C'était, comme on le voit, une des plus mauvaises conditions pour le succès de cette première expérience ; cependant, malgré ces mauvaises conditions d'établissement, le succès n'en fut pas moins au-dessus de toute attente et ne nous laissa aucun doute sur la supériorité de l'agrégat en cailloux concassés, sur celui du sable le plus pur et le mieux approprié.

Si M. Lebrun avait trouvé le ciment à prise lente dans la fabrication de son produit hydroplastique, nous avions trouvé le moyen de le relier et d'augmenter sa force de cohésion par le nouvel agrégat produit par notre machine à concasser les pierres. Ce qu'il y a de plus particulier dans ces deux nouvelles découvertes, c'est qu'elles

eurent lieu simultanément, par deux personnes du même
métier et presque du même pays, M. Lebrun, entrepreneur
de travaux publics à Moissac, et nous, entrepreneur de travaux publics à Agen ; villes situées à une quinzaine de lieues
de distance.

Si les détritus des pierres concassées sont des matériaux
par excellence pour relier les ciments destinés aux enduits
des murs et aux pavages, le ciment à prise rapide ne se
prête nullement à l'exécution de ces ouvrages ; aussi étions-
nous obligés de les soumettre à une digestion prolongée dans
les magasins, ce qui leur retirait une partie de leur force et
le plus souvent les rendait impropres aux travaux de dallages. Il fallait donc, pour avoir des dallages assez résistants,
employer les ciments frais, et, dans ce cas, procéder à leur
emploi par petite gâchée ; alors chaque gâchée faisant sa reprise bien marquée donnait à la surface des emplois un
aspect des plus disparates. Cet inconvénient et beaucoup
d'autres auraient pu être évités par l'emploi du ciment à
prise lente, dont nous reconnaissions l'impérieuse nécessité
pour la perfection de nos ouvrages. Ce ciment, qui se fabriquait presque à notre porte ne nous fut connu qu'à l'Exposition universelle, deux ans plus tard.

Jusqu'à l'invention du *béton-plastique*, les ouvrages de
faible épaisseur exécutés en mortier-ciment, pour enduits,
dallages, bassins, etc., furent assujettis à des inconvénients
dont la gravité était un obstacle des plus sérieux à leur emploi. Ces principaux inconvénients étaient au nombre de
trois : 1° le fendillement des couches supérieures des enduits,
leur soulèvement général ou partiel ; 2° les crevasses ou fissures pénétrant dans toute l'épaisseur ou partie de l'emploi ;
3° la désagrégation des surfaces des dallages, dont la cristallisation ne pouvait être obtenue (1).

---

(1) Ces inconvénients de fendillements, de boursoufflages et de désagrégation, doivent être attribués :
1° A la cuisson irrégulière des ciments ;
2° A la chaux vive que contiennent les poudres ;
3° A la prise trop prompte des ciments, causée par la trop récente fabrication.
Ces graves inconvénients n'avaient pu être vaincus par l'agrégat en maté-

§ III

Composition du Béton-Plastique

Lè *béton-plastique* se compose de deux sortes de matériaux : 1° de silex ou autres matériaux durs concassés, mar-
bres, granits, etc.; 2° de ciment à prise lente, dit ciment de
Portland.

Les matériaux concassés se divisent en quatre catégories
de grosseurs différentes. Les fragments de la première catégorie, qui portent le numéro 1, ont une grosseur de un à
deux centimètres ; ceux de la deuxième catégorie, ou numéro 2, ont une grosseur de cinq millimètres à un centimètre ;
ceux de la troisième catégorie, ou numéro 3, ont une grosseur de trois à cinq millimètres, et enfin ceux de la quatrième
catégorie, ou numéro 4, ont une grosseur de un à trois millimètres.

Le ciment de Portland comprend trois qualités : 1° celui
bien cuit ou cuit à point forme la première qualité ; 2° celui
moins cuit forme la deuxième qualité ; celui cuit irrégulièrement forme la troisième qualité. Cette dernière pourra être
utilisée dans les couches inférieures des ouvrages non exposés à l'air ou au soleil, soit pour les pavages intérieurs, gargouilles, citernes, etc., mais ils doivent être rigoureusement
exclus de tous les ouvrages de faible épaisseur exposés aux
intempéries.

Lorsque la poudre du ciment de Portland est réduite en
pâte, elle subit une diminution de volume d'environ quarante pour cent ; il faudra donc tenir compte de cette diminution dans les divers dosages pratiqués dans la fabrication

---

riaux concassés, ce qui avait compromis l'emploi des ciments dans les ouvrages à l'air : mais ils vont disparaître complétement par l'emploi de
l'*agrégat modérateur* que nous venons d'inventer, ce produit ayant la triple
propriété de modérer la prise des ciments, de modifier les poudres impar
faitement cuites, et par conséquent d'augmenter considérablement la cohé
sion et la résistance des emplois.

des bétons. Ainsi, si on a à fournir une quantité de pâte de 160, il faudra délayer 140 de poudre de ciment, car si on négligeait de tenir compte de cette perte de quarante pour cent, la gangue des bétons ne serait plus dans les conditions de proportions suffisantes.

Voici de quoi se composent les divers bétons :

Béton n° 1.

Matériaux concassés n° 1.......... 3.00
—   —   n° 4.......... 1.00
Poudre de ciment............... 0.42

Béton n° 2.

Matériaux concassés n° 1.......... 2.00
—   —   n° 4.......... 1.00
Poudre de ciment............... 0.84

Béton n° 3.

Matériaux concassés n° 2.......... 1.00
Poudre de ciment............... 0.70

Béton n° 4.

Matériaux concassés n° 3.......... 1.00
Poudre de ciment............... 0.60

Le béton n° 1, employé aux premières couches des dallages, aux formes des rivières, bassins, gargouilles et blocs d'appareils, se fabrique et s'emploie de la manière suivante :

On fait le mélange du ciment et des détritus en premier lieu ; ce mélange doit être fait à sec ; une fois terminé, on adjoint l'eau nécessaire de manière à obtenir une pâte assez molle sans cependant qu'elle soit à l'état de laitance ; on mélange ensuite la pierre concassée à cette pâte jusqu'à ce que chaque fragment ait pris sa part d'enveloppe. Plus l'enveloppe de pâte prise par les fragments sera mince et égale, plus l'effet de l'hydratation et de l'adhérence sera complet.

Ce travail terminé, on apporte dans la forme ou dans le moule, au moyen d'une brouette ou d'une civière fermée, une certaine quantité de béton que l'on régale ensuite au moyen d'une pelle ou de la truelle ; on comprime ensuite fortement au moyen d'une dame et on recharge de nouveau la surface d'une nouvelle couche de *béton* que l'on comprime encore et successivement jusqu'à l'entière épaisseur de l'emploi.

Quand on est arrivé à l'épaisseur totale de l'emploi, on tapote fortement la surface avec une grande et forte truelle fabriquée à cet effet ; ce tapotage a pour but de régler les coups de dame et de rapprocher entre eux, à la surface du travail les fragments de pierres isolés pour en faciliter la prise. Pour les ouvrages faits à l'air, surtout au soleil, on remplace cette couche de gros béton par une couche de mortier-ciment composé de trois parties de sable de rivière, bien purgé et bien lavé, et d'une partie de ciment de Portland de première qualité.

Le béton n° 2, employé pour blocs d'appareils, pavage des rues (1), cours, remises, magasins, etc., sera fait en deux couches de 10 à 12 cent. d'épaisseur pour le pavage des rues, et de sept à dix centimètres pour les autres pavages. La

---

(1) Le dallage des chaussées présente des difficultés qui exigent certaines précautions desquelles dépendent le succès d'exécution.

Les conditions essentielles des dallages en général, et en particulier de celui des chaussées, c'est que la couche supérieure soit entrée profondément dans sa phase de cristallisation avant d'être livrée à la circulation. Nous disons profondément, par la raison que la cristallisation des emplois de *béton-plastique* qui commencent à la surface, ne pénétrant que très-lentement dans l'épaisseur de la couche, ne permet pas par conséquent de les livrer à leur usage avant que le travail de cristallisation soit complétement accompli sur une certaine épaisseur.

Pour obvier à cet inconvénient et pour concilier les intérêts de la circulation et ceux d'une bonne construction de chaussée, il est de toute nécessité de construire sur l'emploi du *béton-plastique* un pavage provisoire, que l'on enlève au bout de quelques mois, lorsque la cristallisation de la couche supérieure du béton est assez avancée et que l'on la croit capable de résister à la traction des voitures. Plus la circulation des voitures sera restreinte, moins le pavage provisoire aura besoin d'être conservé. Dans beaucoup de rues où la circulation des voitures est peu fréquente, on pourra se passer de l'emploi de ce pavage provisoire.

On ne devra pas se préoccuper, le cas échéant, de la dépense supplémentaire que procurera ce pavage provisoire, car elle sera largement compensée par le bon usage de la chaussée en *béton* qu'il aura protégée pendant la période de cristallisation. Tous les constructeurs savent comme nous que l'élément principal de la destruction des chaussées pavées sont les joints qui se détériorent bien avant le centre des pavés et transforment leur surface en forme de prisme pyramidal, dont la déclivité provoque un cahot

4

couche supérieure en *béton nº 2* aura une épaisseur constante de trois centimètres pour tous les ouvrages de pavages. Le mode de manipulation et de l'emploi est le même que celui du *béton nº 1*, que l'on emploiera pour la première couche.

Le *béton nº 3*, employé pour la couche supérieure des dallages de trottoirs sur la voie publique ou autres, soumis à une forte circulation (2), se fabrique et s'emploie de la manière suivante :

La première couche de ces dallages sera formée en *béton nº 1*, à laquelle on donne généralement une épaisseur de

---

aux voitures, qui accélère l'usure des chaussées et celle des véhicules, ce qui n'aura jamais lieu sur les chaussées en *béton-plastique,* dont l'usure uniforme et presque nulle est un des principaux avantages.

(2) Nous croyons aussi utile de donner quelques explications particulière sur la construction des trottoirs des rues et autres dallages soumis à une forte circulation et exposés aux intempéries.

La première couche de ces dallages devra reposer sur une forme de sable bien comprimée, de dix centimètres environ d'épaisseur.

Cette première couche se composera de mortier-ciment fait avec trois parties de sable de rivière, lavé et tamisé, et d'une partie de ciment romain de deuxième âge ; le gâchage se fera de manière que le mortier ne soit pas trop mou, mais qu'il le soit assez pour être employé à la truelle, sans être comprimé. La surface de l'emploi sera réglée au moyen d'un traînage de règle et bien dressée sur toutes ses parties. Cette première couche aura six centimètres d'épaisseur.

La deuxième couche se composera de *béton-plastique nº 2*, c'est-à-dire du *silex* concassé pour l'*agrégat* et du ciment de Portland de première qualité et de deuxième âge pour la *gangue*. Ce *béton* devra être gâché plutôt mou que dur, avec quarante ou quarante-cinq d'eau pour cent de poudre de ciment, suivant que la température sera plus ou moins élevée et suivant l'état hygrométrique de l'*agrégat*, qu'on devra arroser légèrement s'il était trop sec. La surface de cet emploi, qui aura une épaisseur constante de un centimètre et demi, devra être fortement lissée au moyen de la truelle à polir, afin d'activer la cristallisation, laquelle a lieu ordinairement au bout de vingt-quatre heures, après quoi on livre à la circulation.

Si, dans les trottoirs des rues, il était nécessaire de faire passer des tuyaux d'eau ou de gaz, on ménagerait de petites rigoles dans le *béton* pour leur livrer passage. Ces rigoles seraient recouvertes ensuite par des petites dalles mobiles en *béton*, d'une couleur un peu plus foncée que celle du trottoir, pour bien les reconnaître lors des réparations à faire aux divers tuyaux.

Les trottoirs et autres dallages ainsi construits résistent à la circulation la plus active pendant de longues années, comme il est dit et constaté par les divers rapports et certificats que nous avons annexés à cet ouvrage.

quatre à cinq centimètres; la deuxième couche sera faite en *béton n° 3* et aura une épaisseur de un centimètre et demi ; la manipulation sera la même que celle du *béton* fin employé dans le *béton n° 1* ; son emploi devra se faire à la truelle et sans damage; après l'avoir étendu entre deux règles de l'épaisseur de la couche, on dégrossira ensuite le poli au moyen de la truelle ordinaire; avant la prise, on terminera avec la truelle anglaise, dite truelle à polir.

Le *béton n° 4* est employé aux dallages en couleurs ou autres destinés aux faibles circulations, aux moulages, aux enduits verticaux et des blocs d'appareils ou autres ouvrages de sujétion ; sa fabrication est la même que celle des bétons précédents. On mélangera d'abord le détritus avec la poudre de ciment et l'on mettra ensuite l'eau nécessaire pour obtenir une pâte ni trop molle ni trop dure. Quand à son emploi, il est fait au moyen de la truelle ordinaire et de la truelle à polir.

TABLEAU SOMMAIRES DES DOSAGES DES DIVERS BÉTONS.

DÉSIGNATION DES BÉTONS.	MATÉRIAUX CONCASSÉS.		CIMENT DE PORTLAND.	
	Nos des agrégats.	Quantités des agrégats.	Poudre.	Pâte.
Bétons n° 1, employés aux premières couches des dallages et aux formes de divers ouvrages.		m.	m.	m.
Béton fin (gangue).	4	1.000	0.420	0.300
Gros béton (agrégat).	1	3.000	»	1.000
Bétons n° 2, employés pour bloc d'appareils, et gros pavage.				
Béton fin (gangue).	4	1.000	0.840	0.600
Gros béton (agrégat).	1	2.000	»	1.000
Bétons n° 3, employés aux couches supérieures des dallages des trottoirs sur la voie publique.	2	1.000	0.700	0.500
Bétons n° 4, employés aux dallages coloriés et autres soumis à un usage ordinaire.	3	1.000	0.600	0.430

Quand on aura des dallages à faire en *béton*-marbre, on se servira du système d'emploi et de fabrication du *béton n° 3* *ou n° 4*, en substituant au *silex* concassé employé dans la couche supérieure le marbre concassé n° 2 ou n° 3. Dans quelques circonstances, on emploiera aussi le marbre concassé n° 1 ou n° 4. Une fois l'emploi terminé, on laissera reposer et prendre consistance aux dallages pendant douze à quinze jours ; après ce délai, on polira la surface au moyen de la meule, comme il se pratique pour les mosaïques italiennes.

Si dans les démonstrations qui précèdent nous avons fait un dosage de un mètre cube, on devra comprendre que nous n'avons agi ainsi que pour faciliter la démonstration, ce qui ne peut avoir lieu dans la pratique, dont la plus forte gâchée ne doit pas dépasser cent litres ou cent décimètres cubes, ce qui représente le un dixième du mètre cube. Nous allons démontrer, dans le tableau suivant, les quantités usitées dans la pratique.

TABLEAU SOMMAIRE DES DOSAGES USITÉS DANS LA CONFECTION DES OUVRAGES.

DÉSIGNATION DES BÉTONS.		MATÉRIAUX CONCASSÉS.		CIMENT DE PORTLAND.	
		Nos des agrégats.	Quantités des agrégats	Poudre.	Pâte.
			m.	m.	m.
Béton n° 1. . . .	Gangue . .	4	0.100	0.042	0.030
	Agrégat . .	1	0.300	»	0.100
Béton n° 2.	Gangue . .	4	0.100	0.084	0.060
	Agrégat . .	1	0.200	»	0.100
Béton n° 3, gangue et agrégat. .		2	0.100	0.070	0.050
Béton n° 4, gangue et agrégat. .		3	0.100	0.060	0.043

Quelquefois, pour finir un travail, on a des moitiés ou des quarts de gâchées à faire ; dans ce cas, on se sert de mesures plus petites. Voici d'ailleurs la série et la capacité de cha-

que mesure, dont on trouvera la forme et les dimentions
à la fin de l'ouvrage.

1° Mesure de 100 litres.
2°   —   20 —
3°   —   10 —

La mesure de dix litres est divisée en deux parties, et la
Partie inférieure est subdivisée en cinq parties égales, qui
font autant de litres ou de décimètres cubes; la première
division est marquée par une pointe à tête jaune: c'est le
premier litre; la deuxième par deux pointes, ce qui marque
deux litres, la troisième par trois pointes, pour les trois
litres; la quatrième par quatre pointes, pour les quatre litres, et enfin la cinquième par cinq pointes, pour les cinq
litres. Avec ces deux mesures et la mesure de dix litres
ainsi divisée, on sera à même de faire toute petite ou grande
gâchée commandée par le travail.

Les autres principaux outils nécessaires sont: 1° un rabot
pour faire les pâtis; 2° un râteau pour faire les *bétons;*
3° une dame plate; 4° une grande et forte truelle; 5° des
règles de diverses épaisseurs pour servir de guide et déterminer les épaisseurs des couches de chaque espèce de *béton.*
Ces divers outils, ainsi que les mesures, doivent appartenir à
l'entrepreneur.

Chaque ouvrier *plasticateur* devra posséder, à son compte,
une petite caisse renfermant un niveau et un plomb de maçon, deux truelles à dégrossir et une à polir, un cordeau,
une paire d'espadrilles pour marcher sur les *bétons* frais,
pour les préserver des empreintes des clous de leurs sou-
liers.

En règle générale, tous les ouvrages de dallages, de bassins ou de rivières, seront établis sur une couche de sable
fortement comprimée. Plus le terrain paraîtra mauvais, plus
la couche de sable devra être épaisse; dans ce cas aussi, on
augmentera l'épaisseur de la couche de gros *béton-plastique*
formant le fond des bassins ou des rivières.

Dans le tableau suivant on trouvera les épaisseurs ordinaires à donner à ces divers ouvrages.

TABLEAU POUR LA DIMENSION DES DIVERS OUVRAGES EN
BÉTON PLASTIQUE.

DÉSIGNATION DES OUVRAGES.	ÉPAISSEUR de la COUCHE DE :	
	Dessous.	Dessus.
	m.	m.
Dallage ordinaire pour intérieur.	0.040	0.010
— pour écurie, magasin, cour..	0.055	0.025
— pour terrasse et trottoirs sur la voie publique.	0.045	0.015
Dallage pour chaussée sur la voie publique. . .	0.160	0.040
— pour bassins, réservoirs et rivières . .	0.110	0.010
— pour enduits verticaux..	0.010	0.010

Pour déterminer les couches de *bétons* désignées dans le tableau ci-dessus, on devra se servir d'une série de règles dont les épaisseurs seront égales aux dimensions indiquées. Pour la couche de dessous du premier dallage, ces règles auront une épaisseur de quatre centimètres, et pour la couche de dessus l'épaisseur des règles sera de dix millimètres. Pour la couche de dessous du deuxième dallage, les règles auront une épaisseur de six centimètres, et pour la couche de dessus l'épaisseur des règles sera de deux centimètres.

Les règles pour les pavages auront une épaisseur de neuf et trois centimètres, et celles pour les bassins et rivières de onze et un centimètre.

§ IV

Coloration des Bétons

Nous allons dire maintenant quelques mots sur la coloration des *bétons* et sur les matières colorantes.

Toutes les couleurs minérales sont propres à la coloration des ciments de Portland ; les plus solides sont les ocres jaunes et rouges ; les rouges surtout sont supérieures aux jaunes par la grande quantité d'oxide de fer qu'elles contiennent. Cette substance, qui se combine facilement avec ces sortes de ciments, leur fait acquérir une consistance et une dureté à la surface très-remarquable.

Viennent ensuite le noir de charbon, le bleu d'outre-mer, la terre verte de Venise ; on peut aussi employer le vert anglais, en le gâchant avec du ciment blanc de même provenance ; toutefois on ne devra l'appliquer sur les emplois de *béton-plastique* que quand ces derniers auront fait leur prise, car si le vert anglais avait le moindre contact avec la pâte molle du ciment de Portland, la décomposition du vert serait presque instantanée. D'ailleurs on ne devra employer cette couleur verte que dans les petits filets, non-seulement à cause de sa difficulté d'emploi, mais aussi parce qu'il coûte trop cher. Si cependant on avait de grandes surfaces à faire en béton vert, il serait indispensable de faire préalablement un enduit très-mince en ciment blanc anglais sur la couche de fondation de *béton-plastique*, afin de préserver le *béton* vert de tout contact avec le ciment de Portland. En général on mélange avec le ciment vingt à trente pour cent de matière colorante.

Nous allons donner deux exemples pour le gâchage du *béton* coloré, qui seront suffisants pour être fixé sur les autres opérations de coloration, puisque toutes s'effectuent de la même manière.

Ciment en poudre...............	0m060
Matières colorantes, 25 p. %	0m015
Matériaux concassés n° 4	0m100

On mélange à sec la poudre de ciment avec la matière colorante ; on fait la pâte, que l'on mélange ensuite avec l'*agrégat* de matériaux concassés. Toutes les couleurs, moins le vert anglais, se gâchent de la même manière ; pour ce dernier, on substituera le ciment blanc anglais au ciment de Portland.

Ciment blanc anglais...........	0m060
Vert anglais..................	0m015
Matériaux concassés n° 4	0m100

gâchés comme pour les couleurs ci-dessus.

Voici maintenant les différentes couleurs qui conviennent le mieux à la coloration du ciment de Portland :

1. — Ocre rouge lavée ;
2. — Ocre jaune lavée ;·
3. — Terre de Venise (verte) ;
4. — Bleu d'outre-mer ;
5. — Noir de charbon ;
6. — Ciment blanc anglais ;
7. — Vert anglais.

On a cherché pendant longtemps le moyen d'employer les divers *bétons* colorés sans que les diverses couleurs se confondisent ensemble à leur jonction ; mais tous les moyens plus ou moins ingénieux employés à cet effet n'aboutissaient qu'à des résultats sans valeur. Pour obvier à cet inconvénient qui compromettait l'application des *bétons* en couleur, nous imaginâmes de faire employer alternativement chacune des couleurs après leur prise respective ; de cette manière, la première couleur employée ayant acquis un certain degré de dureté à la surface, l'emploi de la couleur suivante ne peut plus se fondre avec celle employée la veille, et il suffit d'un simple coup d'éponge pour découvrir la ligne de démarcation qui se détache aussi pure que celle d'un dallage en marbre. C'est ainsi d'ailleurs que, sur notre exemple, les industriels continuent d'opérer.

CHAPITRE III.

———

Nous avons crû bien faire de relater dans un article spécial les rapports des sociétés savantes qui se sont occupées d'étudier nos inventions et qui ont reconnu les avantages qu'elles présentaient pour l'art de la construction. Nos lecteurs, nous en sommes convaincu, trouveront un attrait séduisant à parcourir les dissertations d'hommes éminents, dans la science de la construction, et les applicateurs puiseront dans ces divers rapports des principes d'exécution qu'ils ne manqueront pas de mettre à profit.

Le rapport sur le *béton-plastique,* fait en 1855, à l'origine de notre invention par la Société Centrale des architectes de Paris, est des plus étendus et des mieux développés ; M. Deslignières, rapporteur, y a mis tous les soins d'un homme consciencieux et éclairé ; aussi, comme nous l'avons dit plus haut, les applicateurs n'auront qu'à consulter ce rapport pour s'édifier définitivement sur tous les détails d'éxécution, au sujet du *béton-plastique.*

M. Deslignières, pour compléter sa tâche de rapporteur, voulut bien aussi s'occuper de l'étude de notre machine à concasser les pierres ; les détails qu'il en fait ne manqueront pas d'intéresser nos lecteurs.

A la suite de ce rapport, on trouvera aussi le rapport de M. Bosc, autre membre honorable de la Société Centrale des archictectes ; M. Bosc, dans son rapport, constate que les *bétons* exécutés en 1855 sont restés dans. le même état, après quinze ans d'usage.

Le rapport à la Société d'Encouragement pour l'industrie nationale fait par M. Baude, inspecteur général des ponts-et-chaussées, est des plus intéressants : M. Baude entre dans des détails très-étendus sur la construction des chaussées de Paris ; ces détails faits par un ingénieur aussi distingué ne manqueront pas de captiver l'attention des hommes compétents ; nous avons donc pensé agir dans l'intérêt de nos lecteurs, en publiant ces documents qui intéressent à un si haut degré l'art de la construction.

RAPPORTS

SOCIÉTÉ CENTRALE DES ARCHITECTES

Paris, le 20. septembre 1859.

Rapport sur le Béton-Plastique et le mortier-concasseur de M. Ducournau (jeune).

M. DESLIGNIÈRES (rapporteur).

MESSIEURS,

M. Ducournau jeune, entrepreneur de travaux publics et de l'entretien des routes macadamisées dans le département de Lot-et-Garonne, a constamment mis à profit ses travaux pour étudier les améliorations dont ils pouvaient être susceptibles.

Ses recherches sur les empierrements l'ont conduit à l'examen très-approfondi des bétons, et ces deux importants objets lui ont fait inventer la machine à casser le caillou.

Il vous soumet ici ce qu'il faut considérer comme la plus haute expression de ses travaux, c'est-à-dire, son *Béton-Plastique* et sa machine qu'il appelle *mortier-concasseur*.

Il a reconnu, l'un des premiers, le grave inconvénient que

présentent les cailloux roulés, à cause de leur tangence ; aussi, n'a-t-il plus employé que du caillou cassé.

Voici les diverses natures de matériaux qu'il applique à l'entretien des routes et aux bétons, en plaçant ces matériaux dans l'ordre de préférence que M. Ducournau leur accorde :

1° Pierres siliceuses, quartzeuses et grèzeuses.

2° Galets ou cailloux siliceux, quartzeux, concassés ou grèzeux.

3° Pierres calcaires.

4° Cailloux ou graviers roulés concassés.

Pour son *Béton-Plastique*, M. Ducournau subsistue au sable ordinaire de rivière, du caillou écrasé, de sorte qu'il arrive à obtenir, par les angles et les aspérités de tous les matériaux qu'il emploie, une agrégation avec les mortiers, ciments, assez parfaite pour neutraliser les effets de retrait.

Il a surtout étudié les résultats produits par l'emploi des divers numéros de grosseur du caillou concassé en vue de leur liaison entre eux, d'une couche à l'autre, et de leur agrégation avec les ciments ou pâtes ; ces dallages, enduits et bassins faits par couche, lui ont offert des épreuves et des expériences continuelles, et il attache la plus grande importance, dans ces maçonneries, aux choix des diverses catégories de cailloux faits par le cassage et le criblage, le caillou cassé à 0,05 de grosseur pour le béton commun des fondations, est en dehors des catégories que voici :

La première est de   0,025 de grosseur.
La deuxième est de 0,015   —
La troisième est de 0,012   —
La quatrième est de 0.008   —
La cinquième est de 0,006   —
La sixième est de 0,003   —

Chaque espèce de béton a sa quantité et sa qualité de cailloux, comme il a aussi ses quantités d'eau et de ciment, chaque élément doit être jaugé d'une manière précise et gâché en petite quantité, surtout dans une température élevée.

Des hommes éminents dans notre art ont pressenti ou

connu le bon résultat des recherches de M. Ducournau,
par ses travaux du Lot-et-Garonne. M. Henri Labrouste,
a surtout contribué aux développement des améliorations
trouvées par cet intelligent entrepreneur.

Voici, Messieurs, le détail des travaux que j'ai visités et
examinés à Paris.

1° AU COUVENT DE L'ABBAYE-AU-BOIS : *un lavoir ou
bassin* de buanderie, d'environ cinq·mètres de long, sur
deux mètres soixante centimètres de large et soixante-dix
centimètres de hauteur en contre-haut du sol.

Les murs galbés ont une épaisseur moyenne de onze centimètres ; ils sont massés avec du caillou n° 2 et du ciment
des Moulinaux. Les enduits sont en cailloux n° 6 et en
ciment de Boulogne. Ces murs ont été moulés par partie
d'environ un mètre de long, puis posés comme on le fait
pour la pierre, et soudés entre eux avec le plus grand soin ;
l'enduit général a couvert le tout.

Ce bassin qui sert constamment, ne laisse apercevoir aucune avarie notable et présente, comme contenance, plus de
sécurité que ne feraient la pierre et le marbre avec leurs
joints.

2° A L'ÉCOLE DES FRÈRES, rue de l'Ouest, n° 36 : *Dallages à
compartiments et unis.*

Ces Dallages se composent de deux couches adhérentes
d'ensemble 0^m04 d'épaisseur. La première couche de 0^m03
d'épaisseur est en ciment d'Antony et des Moulinaux et sable de rivière. La deuxième, pour les bétons colorés, est en
caillou n° 5 de 0^m05 de grosseur et en ciment de Boulogne.

Les dallages de la chapelle faits un peu prématurément,
supportaient depuis quelques temps les travaux d'achève-
ments d'intérieur, bardages de balustrades, échafauds de
sculpteur, brouettages de gravois, etc., sans avoir aucune
avarie visible. (1).

---

(1) Certificat de l'architecte des travaux de cette maison d'école, après
quinze ans d'usage :

« Je, soussigné, certifie avoir été entièrement satisfait du travail de dallages de béton-plastique fait en silex concassé, exécuté sous mes ordres, en

3° Aux constructions neuves de la Caisse des dépôts et consignations, rue de Lille :

Dallage de vestibule et couloirs, cours considérables de gargouilles et canivaux ; stalles et dallages en cuvette pour urinoirs.

Les dallages sont établis comme le dallage uni, rue de l'Ouest, ci-dessus mentionné.

Les gargouilles et canivaux sont massés en ciment d'Antony ou des Moulinaux et sable de rivière, les enduits ou couches de surface de 0^m01 d'épaisseur, sont en ciment de Portland et cailloux n° 6, de 0^m003 de grosseur.

Les urinoirs sont massés en ciment des Moulinaux et cailloux n° 3, de 0^m012 de grosseur, et la couche d'enduits est en Portland et en cailloux n° 6 de 0^m003 de grosseur.

L'état parfait où nous avons trouvé ces travaux neufs nous fait croire que les gargouilles déjà couvertes sont aussi bien traitées.

1858, dans la chapelle et le préau couvert de l'école congréganiste, rue d'Assas, n° 68, par MM. Ducournau, Despujols et Roy, sous la raison sociale Ducournau et compagnie.

» En foi de quoi je lui délivre le présent certificat, pour lui servir que de besoin.

» Paris, 29 septembre 187 .

» *Signé :* DOUILLARD,
» Architecte, 11, rue d'Assas. »

Déclaration du sous-directeur de l'école :

« Je confirme bien volontiers l'attestation de M. Douillard, architecte, car incontestablement les dallages de M. Ducournau sont d'une dureté extraordinaire et très-satisfaisante, puisqu'ils ont résisté pendant quinze ans aux piétinements de plusieurs centaines d'élèves, tandis que la pierre formant les seuils, une première fois remplacée est encore usée, et laisse en contrehaut de un et deux centimètres le béton dont les arêtes ne sont pas même attaquées.

» Paris, le 29 mars 1874.

» *Signé :* Frère ARGYMIR de Jésus,
» Sous-Directeur. »

4° Hôtel de M. Fould, rue de Berry :

Terrasses et couvertures pour appartements, couronne-ments de murs, dallages, bassins et baignoires.

Les terrasses et couvertures sont formées de deux couches adhérentes d'ensemble 0^{m}03 d'épaisseur. La première couche en ciment de Boulogne et cailloux n° 3 de 0^{m}012 d'épaisseur ; la deuxième couche en cailloux n° 5 de 0^{m}005 de grosseur est en ciment de Portland.

Le couronnement de murs, comme les gargouilles de la Caisse des dépôts.

Les dallages comme ceux précédemment cités.

Les bassins et baignoires sont massés en cailloux n° 4, de 0^{m}008 de grosseur et ciment de Boulogne ; et leur couche d'enduits de 0,01 d'épaisseur est en Portland mêlé d'ocre et cailloux n° 6 de 0^{m}003 de grosseur.

Nous nous sommes empressé, ici, Messieurs, de visiter les localités couvertes en béton, et notre désir était de trouver les plafonds intacts ; mais nous n'avons pas eu cette satisfaction, des taches provenant indubitablement d'infiltration s'y montraient. Cependant il est juste de dire que ces infiltrations ne nous paraissent pas être venues à travers le béton. Voici les causes auxquelles nous les attribuons. Les chapes de couvertures viennent comme on le ferait pour le plomb, se relever et finir dans un refouillement pratiqué sur la surface intérieure des pierres de couronnement des murs et, selon nous, l'eau s'est introduite non-seulement par ce joint continu de la feuillure, mais aussi par les joints perpendiculaires, entre les morceaux de bandeaux, de sorte que cet inconvénient eût pu être évité, si la chape fût venue recouvrir le bandeau, ou chaperon, jusque sur la face, ou si l'on eût fait le bandeau lui-même en pierre factice de *Béton-Plastique.*

Les couronnements des murs faits sur d'autres parties nous ont paru se bien comporter.

Les dallages et ruisseaux sont très-bien.

Quant aux bassins et baignoires, surtout aux baignoires dont deux sont construites au premier étage, il est impossible, selon nous, de trouver de pareilles garanties autre part que dans un monolithe.

5° Maison de santé du docteur Duval, à Chaillot, rue des batailles, 16 :

Bassins où peuvent se baigner plusieurs personnes à la fois; dallages.

Ces objets ont été exécutés avec les mêmes matériaux et mêmes soins que ceux de l'Abbaye-aux-Bois et les travaux ci-dessus mentionnés.

6° Administration générale de l'assistance publique, place de l'Hôtel-de-ville.

Dallages à compartiments colorés en noir.

Première couche en sable de rivière et ciment des Moulinaux, deuxième couche en cailloux n° 5 de 0ᵐ005 de grosseur, et ciment de Boulogne.

Les bandes noires colorées au moyen du noir animal gâché avec la pâte.

Ce travail se tient bien ; il n'y a pas de disjonction entre le fond et les bandes.

7° Nouvelle maison de santé, Faubourg Saint-Denis :

Dallages simples et à compartiments, bassins, réservoirs, citernes, sols et cuvettes de latrines.

Les dallages sont exécutés comme les précédents.

Les bassins, réservoirs et citernes sont massés en cailloux n° 3 de 0ᵐ013 de grosseur, et ciment de Boulogne. La couche de surface est en cailloux n° 6 de 0ᵐ003 de grosseur et ciment de Boulogne, et pour pousser les moulures du galbe extérieur des bassins, on a subsistué du caillou n° 7 de 0ᵐ001 de grosseur au n° 6.

Les sols et cuvettes de latrines sont établis comme les urinoirs de la Caisse des dépôts et consignations. Tous ces travaux ont, jusqu'à présent, supporté sans fissures ni autre avarie le service assez dur de l'hospice, ils ont aussi supporté l'hiver sans aucune atteinte, ce qui prouve leur non-gélivité.

8° Palais de justice, salle dite cuisine Saint-Louis.

Le dallage de cette salle, fait depuis longtemps, a supporté deux hivers d'abord, ensuite la fatigue de tous les travaux d'achèvement et se trouve en parfait état.

Après cet exposé, Messieurs, je ne vous parlerai qu'à peine de certains objets de détails que M. Ducournau prétend faire, et qui retombe dans l'interminable catégorie de ces produits en pierres factices qui, selon les inventeurs, ont toutes les qualités des plus belles pierres, n'ont aucun de leurs défauts, et joignent à cet avantage celui de coûter beaucoup moins ; sauf votre avis, je négligerai ces détails qui, selon moi, n'ajoutent rien aux produits sérieux de notre inventeur, et vous parlerai des prix. Permettez-moi de ne pas surcharger ce rapport de l'état que j'ai sous les yeux, j'en citerai seulement deux ou trois.

Un mètre de dallage en pierres, qui vaut quinze francs, se fait en *Béton-Plastique* pour sept francs ; un mètre de gargouille en roche de quarante centimètres sur vingt centimètres, avec refouillement de vingt centimètres, sur dix centimètres, du prix de 11 francs à 12 francs, se donne moulé en béton pour sept francs. Une auge d'abreuvoir de un mètre à un mètre soixante-dix centimètres, coûtant en pierre de 85 à 90 francs, est livrée en béton pour cinquante francs.

Je m'arrêterai là et me résume.

L'œuvre de M. Ducournau jeune est importante et très-considérable pour l'art de la construction ; ses bétons perfectionnés sont, à mon avis, l'une des meilleures et des plus sérieuses chóses que nous ayons vues depuis longtemps, et son *Béton-Plastique* rendra d'immenses services dans les mille détails hydrauliques des établissements publiques et des maisons d'habitation.

Quelques mots maintenant sur la machine dite *mortier-concasseur*.

Le moyen, Messieurs, de produire à bon marché les bétons si bien réglés par catégorie et numéro de grosseur de cailloux, le moyen surtout de subsistuer au sable de rivière, dont les atômes sont toujours roulés, du sable de silex réduit en petits grains pleins d'aspérités, était de remplacer l'homme par la vapeur, c'est ce que M. Ducournau a trouvé.

J'ai l'honneur de mettre sous vos yeux un calque du dessin du mortier-concasseur. Vous pourrez y suivre la description très-restreinte que je vais essayer de vous faire.

Les parties principales de cette machine sont :

1° Une auge ou mortier dans laquelle un homme jette les pierres à casser.

2° Des marteaux qui, constamment soulevés, retombent constamment aussi l'un après l'autre sur les pierres susdites.

3° Un arbre horizontal tournant toujours et abatant les marteaux-casseurs, qui sont instantanément relevés par des ressorts placés à leur parties inférieures.

Maintenant, détaillons un peu plus chacune de ces pièces. L'auge ou mortier est garnie par le fond, d'une grille dont les barreaux énormes servent d'abord d'enclume pour soutenir le coup de marteau frappant les pierres, et ensuite de crible pour laisser passer le caillou cassé.

Dans ce dernier but l'auge est évidée à jour et garnie de grilles aussi sur ses flancs, et de petites baies sont disposées de manière à faire un premier triage des diverses grosseurs, qui sont reçues dans differentes fosses mises à la portée des brouetteurs.

Bientôt le triage sera complétement fait par la machine dans des cribles cylindriques ; jusqu'à présent il est complété par des ouvriers au moyen de cribles à la main.

Les marteaux ont leurs manches évidés d'un œil, dans lequel passe un boulon reposant sur chaque pignon de l'ensemble. C'est par ce moyen, que ce manche peut être abattu par les cames. Indépendamment du poids des marteaux, il a fallu ajouter une force de jet, et M. Ducournau l'a trouvée dans un jeu de ressorts qui, placés au-dessous de ces marteaux, se tendent extrêmement par leur soulèvement et les sollicitent à retomber avec violence.

Vous comprenez le mouvement de l'arbre. Je vous dirai seulement un mot des cames. Ces cames sont habilement disposées pour obtenir une action toujours continue et tangentielle sur les manches des marteaux.

Cette machine est fort ingénieusement faite, mais je la crois susceptible de perfectionnement. Je désire lui voir mettre en mouvement de nombreux cribles de triage et de

5

trémies mobiles envoyant au tombereau les diverses catégories de cailloux ; mais, telle qu'elle est, elle nous prouve que,
M. Ducournau saura la mettre à la hauteur des plus
grands travaux publics.

Le rapporteur,
DESLIGNIÈRES.

Adopté en conseil, le 17 juin, et en assemblée générale le 7 juillet 1859.

Le Président, membre de l'Institut,
GILBERT (ainé).

Le Secrétaire principal,
BALTARD (Victor).

Pour copie conforme :

Paris, le 29 septembre 1859.

Le Secrétaire principal,
V. BALTARD.

RAPPORT DE M. BOSC

A LA MÊME SOCIÉTÉ FAIT EN 1873, SUR LES TRAVAUX EXÉCUTÉS
EN 1859, FAISANT L'OBJET DU RAPPORT PRÉCÉDENT.

Messieurs,

En 1859, la société centrale des architectes a été saisie
d'une demande d'examen relative à un béton-plastique inventé par M. Ducournau.

A cette époque, notre regretté confrère M. Deslignières
avait été chargé d'un rapport à ce sujet.

Dans ce rapport très-détaillé et fait avec beaucoup de compétence, notre confrère donne, entre autres détails, la nomenclature de divers travaux exécutés à Paris, dans plusieurs
constructions.

Aujourd'hui, Messieurs, l'inventeur de ce béton vient
demander à la société de vouloir bien constater l'état dans
lequel se trouvent les travaux après un service de quinze
années, ce n'est donc pas un produit nouveau que le rap-

porteur de votre commission est chargé d'examiner ; sa mission est plus modeste, il a seulement à constater l'état de ce produit après quinze années de service.

Nous avons donc visité les travaux en béton-plastique, exécutés dans les établissements suivants :

1° A la maison municipale de santé, faubourg Saint-Denis.

2° A l'Abbaye-aux-Bois, rue de Sèvres.

3° A la villa d'accouchements, boulevard du Port-Royal.

A la maison municipale de santé, (hospice Dubois).

Ces travaux consistent en dallages simples et à compartiments, en bassins et piscines.

Les dallages sont exécutés en deux couches ; la première est composée de sable de rivière et ciment des Moulinaux, la deuxième, en cailloux concassés et de cinq millimètres de grosseur et ciment de Boulogne.

Ce travail s'est parfaitement conservé ; on aperçoit à peine quelques disjonctions entre le fond et les bandes d'encadrement. Cependant nous devons ajouter, pour rendre hommage à la vérité, que sur quelques points le dallage présente à sa surface quelques rugosités ; ces légers accidents doivent être attribués, au dire de l'entrepreneur, aux imperfections du ciment de Portland, dont la fabrication, alors dans ses débuts, n'était pas arrivée au degré de perfectionnement qu'elle a atteint aujourd'hui, (1) mais, nous nous hâtons de le

_____

(1) Les ciments à prise lente fabriqués à cette époque avaient le défaut d'une prise trop rapide, par la raison qu'ils étaient livrés à la consommation sans digestion préalable, dont on ignorait encore l'importance. Ce défaut de fabrication, c'est-à-dire ce manque de prévoyance, mettait le plus souvent en péril les ouvrages exécutés à l'air.

Nous avons vu des dallages exécutés avec des ciments de Portland nouvellement fabriqués et par conséquent chargés de chaux vive, se désagréger et se décomposer complètement au bout de quelques semaines de leur mise en œuvre. Beaucoup de constructeurs n'ont jamais pu comprendre les causes de ces avaries, et, pour se convaincre de ce fait, il ne faut que lire l'extrait suivant, du *Manuel du Chaufournier*, à l'article ciment :

« Si la supériorité des ciments ne laisse aucun doute quand ils sont sous l'eau, dans des fossés, des égouts, etc., en est-il de même lorsqu'ils sont exposés à l'air et à la gelée ?

» A quoi attribuer leur parfaite conservation, comme celle des meilleures pierres, dans certains exemples, quand, au contraire, on remarque souvent

dire, les accidents que nous venons de signaler sont fort rares, et nous constatons que ce dallage s'est parfaitement conservé après quinze années d'usage.

---

qu'ils se fendillent, s'écaillent et tombent en poussière, comme un vase d'agile dans lequel on met de l'acide, quand, au contraire, les vases en grès résistent très-bien? Est-ce à la qualité du calcaire, aux degrès de cuisson, à la confection du mortier et aux ingrédiens qu'on y incorpore? Est-ce enfin à la manière dont le maçon l'applique qu'il faut imputer la destruction, souvent très-prompte, des ciments exposés à l'action de l'atmosphère? »

On voit d'après ces quelques lignes que nous venons de citer que, même les hommes compétents dans la partie ignorent complètement les causes de fendillements et de destructions prématurées de beaucoup d'ouvrages en ciment. C'est ce que nous ignorions aussi il y a quelques années avant d'avoir étudié la question et d'avoir fait la découverte de notre analyse.

Pour bien se pénétrer de l'importance que l'on doit attacher à n'employer que des ciments de Portland réellement à prise lente, mais dont l'énergie ne devra pas être compromise par une avarie quelconque ou une digestion mal dirigée, nous ne pouvons mieux faire que de mettre sous les yeux des applicateurs l'opinion autorisée de MM. Rivot, ingénieur des mines, et Chatoney, ingénieur en chef des ponts et chaussées, que nous trouvons dans leur ouvrage, éminemment utile, sur les matériaux employés dans les constructions à la mer.

Ces deux ingénieurs ont trop bien compris l'importance de cette question pour ne pas propager leur opinion et lui rendre tous les hommages qu'elle mérite. Ce sera d'ailleurs rendre service à la fabrication des ciments et à l'art de les employer de propager des principes recommandés par ces deux hommes de science, dont la compétence ne peut être contestée:

« La rapidité de prise des ciments est un inconvénient pour certains travaux. La théorie indique qu'en les mélangeant et les laissant digérer avec une petite quantité de chaux, on obtiendrait une prise lente et une solidification parfaite. Avant de recourir à ce procédé, il y aurait lieu de faire des expériences nombreuses et suivies. »

Beaucoup de fabricants suivent cette information de MM. Rivot et Chatoney, sans se conformer à leurs recommandations d'agir prudemment dans ce mélange de chaux et de ciment, et, au lieu de se conformer aux sages conseils de ces deux ingénieurs et de faire des expériences pour se rendre compte de la quantité convenable de chaux à mélanger pour arriver à ralentir la prise des ciments sans nuire à leurs qualités respectives, ils introduisent dans les poudres nouvellement fabriquées des quantités de chaux tellement disproportionnées, que les ciments qui vieillissent dans cet état de mélange exagéré perdent toute leur énergie et se rapprochent souvent des ciments avariés.

« L'emploi des ciments de Portland exige certaines précautions, et, faute de les avoir prises, les mortiers se fendillent quelquefois après l'immersion. On va comprendre, en effet, que si de pareils ciments sont employés

Pour les cuvettes des latrines et réservoirs, ils ont été refaits, mais il existe encore des bassins dans les jardins, il nous a été facile de reconnaître leur supériorité sur ceux

---

immédiatement après la fabrication, ils s'altéreront presque inévitablement.

» D'abord la chaux libre aura de la peine à s'éteindre complètement avant la prise du ciment; ensuite, la transformation du silicate de chaux et d'alumine en silicate de chaux et aluminate de chaux, qui se fait toujours avec lenteur, exige surtout du temps quand le ciment est nouvellement cuit, et aura donc lieu après la solidification des mortiers.

» Or, ces diverses réactions entraînant toujours avec elles des changements de volume, on comprend qu'il puisse en résulter dans les mortiers des altérations graves. (Nous mettons de côté la possibilité d'un défaut de fabrication toujours à redouter avec les produits artificiels.) C'est pour les éviter que les fabricants ne mettent le ciment de Portland en barils et ne livrent à la consommation qu'après un séjour plus ou moins long en magasin. La précaution est bonne, mais elle peut être insuffisante ou négligée. Il convient donc de ne l'employer qu'après l'avoir gardé assez longtemps en grands tas, sur les travaux, dans des magazins qui ne soient ni trop secs n trop humides.

» Sous l'influence d'une légère humidité (celle de l'air de mer, dans les climats du Nord, parait suffisante), la chaux libre s'hydratera et transformera lentement le silicate de chaux et d'alumine en silicate de chaux et aluminate de chaux, combinaison définitive à laquelle il faut toujours arriver e qu'on doit, par conséquent, chercher à obtenir avant la fabrication du mortier.

» Tous les composés hydrauliques n'auront plus alors qu'à s'hydrater au momeut de l'emploi. La prise du ciment sera régulière et sa stabilité plus assurée.

» Une *digestion préalable* des matières hydrauliques sous l'influence de l'humidité prépare les actions chimiques et contribue essentiellement à la bonne réussite de tous les mortiers. Elle est plus ou moins indispensable et doit durer longtemps quand on emploie des pouzzolanes.

» Nous ne sommes pas en mesure de donner des preuves bien concluantes de ce que nous avançons, parce que nous n'avons été convaincus que tout récemment de la grande influence de la digestion sur la qualité des mortiers.

» La digestion préalable n'est d'ailleurs pas un fait nouveau. On l'a supprimée parce qu'on n'en comprenait pas l'importance. Mais il faut y revenir et l'améliorer, en suivant à cet égard les indications de la chimie et les leçons de l'expérieuce.

» La conservation en magasin des ciments de Portland, avant qu'ils ne soient livrés à la consommation, n'est autre chose qu'une digestion sous l'influence de l'air humide à laquelle les fabricants ont été conduits par l'expérience. »

Nous disons de nouveau que toutes ces précautions, aujourd'hui indispensables, deviendront superflues quand on fera usege de l'agrégat modérateur que nous avons inventé.

construits en maçonnerie (surtout pour les piscines) non-, seulement ils ont supporté des hivers rigoureux, mais encore plusieurs, l'un d'eux surtout, porte des traces de rupture par suite du tassement du sol, les fissures qui se sont produites à ce bassin ont été réparées par le béton-plastique, et aujourd'hui encore ils conservent parfaitement l'eau.

Le fait que nous signalons prouve en faveur du béton-plastique pour l'exécution des bassins et de son utilité incontestable pour cet emploi.

Quant à sa dureté, elle est remarquable, un seul fait suffira pour l'établir : comme dans tous les établissements publiques, l'entrée de la maison Dubois est fort fréquentée, aussi la marche qui se trouve à la porte d'entrée de cet établissement quoique en roche est fort usée dans son milieu ; eh ! bien, nous pouvons affirmer que la partie en béton qui précède cette marche n'est pas plus usée que celle-ci ; c'est, ce nous semble, un excellent témoignage en faveur du produit en question.

Au couvent de l'Abbaye-aux-Bois, le lavoir et le bassin de buanderie dont il est question dans le rapport de notre regretté confrère, n'existant plus, ces travaux ont été démolis par suite de remaniements opérés dans les bâtiments, mais à la maison d'accouchement, boulevard Port-Royal, il existe depuis une douzaine d'années un lavoir qui se trouve en bon état de conservation ; l'enduit de dessus de ce lavoir sur lequel on bat le linge a seul été refait, il ne faut pas s'étonner de cette reprise car le battoir agissant toujours sur une même surface doit nécessairement finir par la dégrader ; de plus les sels alcalins de soude et de potasse, contenus dans le savon et l'eau de javelle, ont pu aussi faciliter la détérioration de l'enduit en question.

En somme, messieurs, votre commission reconnaît que le béton-plastique Ducournau a réalisé les bons effets qu'on pouvait en espérer, et elle se plaît à reconnaître qu'après douze ou quinze ans, les divers travaux consignés, dans le rapport de feu Deslignières, ont fait un excellent usage et ont, en maintes circonstances égalé si non surpassé la durée de la roche.

Le rapporteur, Ernest Bosc.

Adopté en conseil et lu en assemblée générale, le   1873.

RAPPORT DE M. BAUDE

INSPECTEUR GÉNÉRAL DES PONTS-ET-CHAUSSÉES A LA SOCIÉTÉ D'ENCOURAGEMENT POUR L'INDUSTRIE NATIONALE, SUR LA MACHINE A CONCASSER LES PIERRES.

Messieurs,

Nous venons vous rendre compte de l'examen que nous avons fait d'une machine dite *mortier-concasseur*, inventée par M. Ducournau jeune, afin de réduire en fragments convenables, quant à la grosseur, les matériaux qui forment les chaussées d'empierrement. A l'exécution de cet instrument se lie, dans la pensée de M. Ducourneau, ce qu'il appelle un *béton-plastique* pour dallages, enduits, moulages, où il subtitue les grains concassés de la pierre au sable ordinaire.

L'empierrement, qui constitue la plus grande partie des 37,000 kilomètres de nos routes impériales, se développe de plus en plus, à mesure que se perfectionnent nos voies départementales et vicinales ; tous les devis réguliers de constructions ou d'entretiens n'admettent pas les pierres qui ne passent pas, en tous sens, dans un anneau de 6 centimètres de diamètres, et l'on conçoit toute l'importance d'un bon cassage, soit pour l'obtenir à bas prix, soit pour maintenir l'uniformité dans la grosseur des matériaux. Mais, le cassage à la main n'a rien d'anormal, si l'on considère que les routes traversent les champs où la pierre est, pour ainsi dire, cueillie, où qu'elles cotoient de petites carrières que les recherches des ingénieurs tendent à multiplier, afin d'éviter les longs transports. On emploie à ce cassage des enfants, des femmes, des vieillards trop faibles pour les travaux agricoles, ou des ouvriers que l'hiver laisse inoccupés. L'éparpillement du travail justifie cette main-d'œuvre, et l'on s'explique que la recherche d'une machine à casser la pierre, toujours lourde à transporter, n'ait pas éveillé l'esprit d'invention de ceux qui constituent à divers degrés, le service des ponts-et-chaussées.

Cette indifférence n'a plus d'excuse, lorsque la consommation de la pierre se concentre, que l'approvisionnement se répartit par grandes masses et que le cassage s'opère sur le lieu même de l'extraction, où les matériaux abondent.

Les rues de la ville de Paris contenaient, dans l'ancien mur d'octroi, à la fin de 1861, une superficie d'un million de mètres carrés de chaussées d'empierrements, et l'approvisionnement qu'elles consomment est de près de 100,000 mètres cubes; avec des matériaux dont la duretée est la qualité première, avec un cassage qui coûte souvent de 5 à 8 francs le mètre cube, de quelle utilité ne serait pas l'invention d'une bonne machine à concasser.

M. Ducournau a-t-il résolu ce difficile problème? Vous en jugerez tout à l'heure, mais nous ne saurions l'affirmer, car ce qui reste aujourd'hui des machines de M. Ducournau, par suite des circonstances que nous n'aurons pas à apprécier, n'est pas en état de fonctionner d'une manière régulière. Il se propose, d'ailleurs, d'ajouter à ses essais de nombreux perfectionnements.

Lorsqu'on casse des cailloux à la main, il se produit une certaine quantité de détritus, variables, sans doute, avec la qualité des matériaux et l'habileté de l'ouvrier, mais qu'on évalue à 1/7 environ du volume primitif. On a remarqué que, dans les matériaux cassés par une action mécanique, ce volume augmentait sensiblement. Cet inconvénient ne saurait être évité avec le mortier-concasseur de M. Ducournau, mais l'abondance du détritus ne l'effraye pas, parce qu'il en trouve l'emploi dans les chaussées, trottoirs, qu'il construit suivant une méthode qui lui est propre.

La machine de M. Ducournau se compose de trois marteaux fixés par leurs manches et un œil intérieur, sur un axe horizontal. Une auge grillée est devant eux, et abaissés alternativement par des cames et relevés instantanément par les ressorts, ils retombent sur des cailloux amenés dans l'auge par des manœuvres.

La came, en abaissant les marteaux par une action tangentielle, fait tourner, par l'arrière du manche, une espèce de bobine sur laquelle s'enroulent deux chaînes fixées à l'extrémité d'un ressort. Quand la lame s'échappe, de la détente des ressorts, l'action s'ajoute à la pensanteur pour accélérer le mouvement de jet du marteau. Ces ressorts, en forme d'arc de cercle, sont ajustés par le milieu de l'arc sur la semelle du bâti du mortier-concasseur.

Lorsque les matériaux ont subi le choc des marteaux, ils sont remontés vers des cylindres dits purgeurs, qui dans leur rotation laissent tomber, suivant les écartement des grilles, les fragments de pierres cassées. Ces matériaux sont ainsi séparés par groupes, c'est-à-dire en détritus et par grosseur de 0^m02, 0^m04 et 0^m06; ce qui est plus gros s'échappe par le bout, non fermé, du cylindre et est reporté sur la grille du concasseur.

Telles sont les dispositions principales du mortier-concasseur, qui n'avait point ses purgeurs lorsqu'il a été exécuté. Cette machine échappera-t-elle plus que d'autres aux difficultés qui ont fait abandonner jusqu'ici les essais peu nombreux d'instruments pour casser les cailloux ? Il y a toujours, dans ces appareils, une cause incessante de destruction; c'est l'ébranlement dans les bâtis produit par des chocs sans cesse répétés. Ici le ressort n'amortit rien, puisque sa détente vient s'ajouter à l'action du choc; ces ressorts, qui sont tendus avec une lenteur calculée, qui se détendent avec une grande rapidité, résisteront-ils longtemps à ces mouvements variés et même désordonnés? On ne saurait dire encore que l'expérience à prononcé.

Au lieu de suivre M. Ducournau dans les considérations assez étendues auxquelles il se livre sur les chaussées d'empierrement, nous chercherons à faire comprendre ce qu'il appelle sa méthode en donnant la composition d'un béton, qu'il veut appliquer sur le sol destiné à recevoir une circulation très-active.

Il commence par établir une première couche de $0^m 30$, d'épaisseur en terre sablonneuse après l'avoir damée à la hie, il pose une couche de béton de $0^m 10$, formée de cailloux concassés à la grosseur de $0^m 04$ 1/2 à 0^m06 de diamètre, agglomérés par une gangue de ciment romain qui entre pour un 1/3 dans le volume du béton, une deuxième couche de béton de même épaisseur surmonte celle-là; plus ténus, les matériaux $0^m 025$ à $0^m 045$ d'épaisseur sont liés par du ciment de Porland. Ce béton comprimé est recouvert d'une couche de $0^m 01$ à $0^m 02$ de détritus.

Ces compositions ne sont pas données d'une manière absolue par M. Ducournau et, sans le prendre à partie sur un amalgame dont le succès pourrait ainsi être contesté, nous disons que son principe est de construire les chaussées avec des matériaux toujours petits, mais qui se superposent par couches minces, de la base à la surface, avec des cailloux de plus en plus réduits par le cassage (1).

Nous ne voulons pas nous étendre ici sur l'application beaucoup plus pratique qui a été faite d'un emploi de béton dans les Champs-Elysées, d'après un système mis en œuvre dans le Jura par M. Monnet, ingénieur des ponts-et-chaussées attaché au département. Ces bétons sont plutôt destinés aux routes qu'aux rues et boulevards, et il nous paraît juste de ne pas accepter les critiques de M. Ducournau sur le mode d'entretien à Paris des chaussées d'empierrement les plus fréquentées.

On estime la fatigue d'une route par le nombre des chevaux attelés ou de colliers, qui l'ont parcourue. La marche du piéton n'altère pas la route ; la fatigue de celle-ci est proportionnelle à la charge de la voiture ou, si l'on veut, au nombre de chevaux qui la tirent. Un chemin ordinaire est réputé fréquenté quand il donne journellement passage à trois cents colliers.

A Paris, le nombre des colliers est, en moyenne, de quinze mille par jour dans la rue Royale et aux Champs-Elysées ; il monte jusqu'à vingt-mille entre la Madeleine et la Bastille; sur les quais de la Tournelle et de Montébello, il est encore de huit mille, et sur les empierrements les moins fréquentés il ne descend pas au-dessous de mille.

La moyenne de la consommation par année est de 0^m08 d'épaisseur, c'est-à-dire que l'entretien emploie, dans moins de quatre ans, une épaisseur égale à celle de la totalité de la chaussée.

On doit en conclure qu'avec une circulation pareille on n'est pas absolument maître du mode d'entretien, et qu'un emploi béton, pour nous servir de l'expression consacrée,

_____

(1) Voir au chapitre II la méthode exacte pour la construction des chaussées en béton-plastique.

n'a pas le temps de se consolider (1). En outre, avec une consommation qui parfois est double de la moyenne indiquée, il faut rechercher les matériaux les plus résistants, et n'employer de détritus que pour faciliter leur prise. Au-delà, le détritus rendra la chaussée molle et boueuse.

L'entretien consiste, sur ces chaussées exceptionnelles, à laisser user l'empierrement sur le tiers de la hauteur : on entreprend alors un rechargement sur la demi-largeur ; on y passe ensuite le rouleau, en mouillant les cailloux si le temps est sec, et on favorise la prise en jetant à la pelle du détritus purgé. Quand ce travail est fini, on livre cette portion de chaussée à la circulation, et on recommence sur l'autre moitié.

On n'a pas encore trouvé à faire mieux pour l'entretien des chaussées couvertes de voitures à tout instant du jour, et où il n'est pas possible de maintenir des cantonniers en permanence.

Il nous reste peu de chose à dire, Messieurs, sur le béton-plastique proprement dit de M. Ducournau. Ces bétons, pour lesquels il est breveté, consistent dans l'emploi de petits matériaux, formant un corps où ils remplacent le sable, qui n'est pas une liaison, par des détritus de différentes espèces, et même par des ciments, tels que ceux de Boulogne et autres. M. Ducournau en a fait des applications diverses au couvent de l'Abbaye-aux-Bois, aux constructions neuves de la Caisse de dépôts et consignations, pour dallages, gargouilles, etc., etc.

Pour en revenir à la machine à casser les cailloux, il n'est pas douteux que, par son intermédiaire, quelle que soit d'ailleurs la nature des matériaux en usage dans les grands centres de populations, on ne puisse obtenir un cassage plus économique qu'à la main. Nous ne pouvons confirmer, faute d'expérience, les assertions de M. Ducournau, qui évalue cette économie au tiers de la dépense, l'emploi d'une bonne locomobile y prendra la meilleure part.

Votre comité, considérant qu'il y a un intérêt public à

(1) C'est pourquoi nous conseillons le pavage provisoire pour protéger la surface de la chaussée jusqu'à ce qu'elle soit cristallisée.

favoriser l'invention d'une bonne machine à casser, que le modèle produit par M. Ducourneau est un premier essai, estime qu'il y a lieu de remercier cet inventeur de sa communication, et de faire insérer dans le *bulletin* de la société, le présent rapport, en l'accompagnant d'un croquis du mortier-concasseur.

(Signé) BAUDE.
Rapporteur.

Approuvé en séance, le 20 avril 1864.

Légende de la planche 5 représentant l'appareil concasseur de M. Ducournau.

Fig. 1. Vue de profil de la machine.

Fig. 2. Vue debout prise en arrière des marteaux.

Fig. 3. Vue en dessous.

Fig. 4. Section verticale suivant la ligne X, Y, de la figure 3.

A, A, Bâtis de la machine.

B. Arbre horizontal sur lequel sont fixées les cames.

C. Cames faisant mouvoir les marteaux.

D, D. Poulies motrices et poulies folles placées sur l'arbre des cames.

E. Volant.

F. Marteaux, au nombre de trois, chargés de concasser la pierre, et mis en mouvement par les cames C, qui agissent dans le sens de la flèche, fig. 1.

G. Poulies calées sur un axe horizontal, chacune d'elles est composée de deux mâchoires fortement boulonnées, au centre desquelles est fixée, d'une manière rigide, le manche d'un marteau.

H. Ressorts correspondants à chaque poulie, et fixés sur la semelle des bâtis par le milieu de l'arc concave qu'ils décrivent.

I, I. Chaînes au nombre de deux pour chaque poulie accrochées, d'une part aux extrémités des ressorts, H. et d'autre part, en dessus et en dessous des poulies, chacune de ces chaînes est munie d'un anneau de tension, qui permet d'augmenter à volonté le bandage des ressorts.

Il résulte de cette disposition que, lorsque l'arbre à cames vient à tourner dans le sens indiqué par la flèche, chaque marteau est abaissé successivement par une came ; en même temps chaque poulie décrit un angle de rotation dans le sens de l'autre flèche, et produit sur le ressort correspondant une tension qui dure tout le temps que la came reste en contact avec le manche du marteau, aussitôt que la came échappe, le marteau frappe son coup, et la force du choc est alors augmentée par l'action du ressort qui se détend.

J. Mortier, ou caisse en fonte, où se fait le concassage des matériaux, il est entouré de joues en tôle indiquées en ponctué sur la fig. 1.

K. Grille par où tombent les matériaux concassés.

L. Plans inclinés où roulent les matériaux concassés.

M. Ouvertures par lesquelles les matériaux sortent de la caisse J.

N. Enclume en acier sur laquelle les marteaux opèrent le concassage.

Depuis le rapport de M. Baude nous avons procédé à l'étude du purgeage des matériaux au moyen de cylindres mobiles commandés par la machine à concasser, dont les détails suivent :

Deux systèmes de purgeage sont applicables à la machine à concasser, le premier, celui faisant partie des premiers brevets, se-compose de grilles à plans inclinés.

Ce système qui paraît favorable à première vue et qui offre en effet de grands avantages dans les purgeages des graviers et des sables, offre des difficultés sérieuses pour le purgeage des pierres concassées ; ces pierres éminemment anguleuses s'accrochent aux barreaux des grilles, ce qui nécessite un travail continu pour les en détacher ; cet inconvénient devait nous amener à un perfectionnement qui a été celui de l'application des cylindres mobiles dont la rotation détruit l'inconvénient signalé.

Une autre cause, non moins grave et qui nécessitait une dépense considérable relativement à la main-d'œuvre, n'a pas moins contribué à nous décider à ce changement de système, cet inconvénient résultait de la chute que nécessitaient les plans inclinés pour faciliter la course des matériaux destinés au purgeage.

La différence de niveau entre le sol où étaient recueillis les matériaux concassés et purgés et le plateau où étaient déposés les moëllons destinés au cassage, était de trois mètres ; il fallait donc monter les matériaux bruts à un mètre cinquante centimètres de hauteur et aller chercher les matériaux concassés dans une fosse de même profondeur ; cette difficulté de transport sur des rampes prononcées occasionnait un surcroît de dépense considérable qui disparaît par l'application des cylindres mobiles.

Le nouveau système de purgeage à cylindres mobiles se compose de trois corps de charpente, formant ensemble une longueur de douze mètres vingt-deux centimètres.

Le corps principal destiné à la transmission et à l'établissement de deux jeux de paniers, a une longueur de trois mètres quatre-vingt-dix centimètres, et une largeur de quatre-vingt-seize centimètres ; les principaux accessoirs qui en font partie sont les deux échelles dragueuses et les roues utiles à la transmission du mouvement des cylindres et aux paniers d'alimentation.

Les deux corps formant les bas-côtés du corps principal, servent de support aux cylindres ; ils se composent de quatre compartiments correspondant aux parties des cylindres qui divisent en les purgeant les matériaux concassés.

La longueur de chaque bas-côté est de *quatre mètres seize centimètres*, la hauteur moyenne de *un mètre quatre-vingt-douze centimètres*, et la largeur de *quatre-vingt-seize centimètres*.

Les échelles dragueuses sont établies suivant une inclinaison de *quatre-vingt dix centimètres* de base *pour un mètre soixante-quatorze centimètres* de hauteur, leur longueur est de *un mètre quatre-vingt-dix-sept centimètres* entre les axes des deux prismes de jets et d'alimentation.

Les chaînes sur lesquelles reposent les paniers, se composent de vingt-huit chaînons de *vingt centimètres* de longueur, *quatre centimètres* de largeur et de *deux centimètres* d'épaisseur.

Les chaînes opèrent leur mouvement ascensionnel sur quatre galets à rainures et les deux prismes d'extrémité.

Chaque chaînon porte un panier en tôle, dont les côtés forment un quart de cercle de *quinze centimètres* de rayon, le vide a aussi *quinze centimètres* de largeur.

La capacité de chaque panier est de *deux décimètres six-cents centimètres*; chacun devant verser quinze fois par minute, la pierre concassée introduite dans les cylindres pourra être par conséquent de *quatre mètres six cents quatre-vingts décimètres* cubes à l'heure pour les deux côtés.

Au bas de chaque échelle se trouve disposée une cuvette en fonte, dans laquelle sont recueillis par les paniers les matériaux au sortir du cassage.

Ces cuvettes ont *quatre-vingt-quinze centimètres* de longueur, *cinquante-six centimètres* de largeur, et *trente centimètres* de hauteur sur les côtés; la courbe du vide intérieur est construite de manière à faciliter le passage des paniers et à leur ménager la prise régulière et facile des matériaux concassés.

Les cylindres sont établis suivant une pente de *dix centimètres* par mètre et construits en sept parties distinctes, lesquelles sont réunies ensemble par des boulons.

Trois tambours de seize centimètres, fondus à parois pleines sont destinés à relier les quatre tambours en tôle à parois percées et à former la division de chaque espèce de cassage.

Les trois tambours, de faible longueur, sont supportés par deux galets, établis sur les cloisons de séparation; ces galets sont destinés à faciliter le mouvement des cylindres et à diminuer le frottement.

Le premier tambour formant la partie supérieure du cylindre, est construit en deux parties; sa longueur est de soixante-dix centimètres, non compris la partie occupée par la roue d'engrenage.

La première partie, qui a trente-cinq centimètres de longueur, est construite à parois pleines, son diamètre extérieur est égal au diamètre intérieur du cylindre proprement dit, dans lequel il pénètre de quinze centimètres, la partie supérieure offre une ouverture de vingt centimètres, à partir

de son extrémité ; par cette ouverture s'introduisent les matériaux que les paniers viennent déposer pour les soumettre
au purgeage.

Cette partie de tambour non adhérente au cylindre et
dans laquelle celui-ci forme son mouvement de rotation, se
trouve maintenue par une console en fer placée au-dessous
et assujettie contre un poteau de la charpente principale.

L'autre partie du tambour a une longueur de cinquante-
sept centimètres, sur laquelle est prise la pénétration de
quinze centimètres dans la partie circonscrite, et deux centimètres pour la nervure d'assemblage ; le reste pour la partie
à jour, a quarante centimètres ; c'est par cette partie que
doit s'échapper le détritus ; les jours formés en longueur
occupent tout l'espace libre, c'est-à-dire quarante centimètres, et auront une largeur de sept milimètres, les pleins
auront deux centimètres de largeur.

Le deuxième tambour a soixante-quatorze centimètres de
longueur, sur lesquelles seront pris les quatre centimètres
pour les nervures d'assemblage ; la partie à jour a par conséquent soixante-dix centimètres de longueur.

Les jours de ce deuxième tambour sont ronds et disposés en quinconces ; ils ont un diamètre de deux centimètres.

Le troisième tambour est en tout pareil au précédent
quant à la longueur ; les trous sont disposés de la même
manière et ont un diamètre de quatre centimètres.

Le quatrième tambour, c'est-à-dire celui qui forme l'extrémité du cylindre, a une longueur de quatre-vingt-dix-
sept centimètres, quatre centimètres sont occupés par les
deux nervures d'assemblage, il reste donc quatre-vingt-
treize centimètres pour la partie à jour.

Les jours sont en tout semblables aux précédents quant à
la disposition, ils ont un diamètre de six centimètres.

Une trémie en tôle placée à l'extrémité de ce dernier tambour rejette les matériaux cassés au-dessus de six centimètres de grosseur, en dehors des compartiments destinés
à recevoir les matériaux concassés à la grosseur prescrite.

Nous avons tenu à fournir tous ces détails sur notre machine à concasser les pierres, car nous espérons que bientôt

Messieurs les ingénieurs et architectes, reconnaissant l'abus de l'emploi du sable dans le béton-plastique reviendront au véritable principe des matériaux concassés ; déjà un grand nombre nous ont déclaré qu'ils regrettaient beaucoup avoir toléré la violation de ce principe de construction, et d'avoir ainsi servi les intérêts cupides de quelques entrepreneurs, au détriment des administrations publiques et de la bonne construction.

CHAPITRE IV.

—————

§ I.

Considérations générales.

Le premier soin d'un inventeur, c'est d'appliquer à l'œuvre qu'il a créée, une dénomination intelligente par laquelle et sans autre étude on puisse comprendre l'utilité et l'essence de son invention.

Quelques savants ont trouvé à redire sur le titre d'analyse que nous avions adopté, ce qui ne nous a pas empêché de le conserver, tout en respectant leur opinion, cependant nous avons tenu à consulter le juge à tout (le Dictionnaire) avant de prendre une résolution définitive, et y ayant trouvé que le mot analyse signifiait résolution d'un tout dans ses parties, nous n'avons pas eu de difficulté à l'appliquer à notre invention, attendu d'ailleurs que tous les savants n'étaient pas du même avis, puisque quelques-uns ont bien voulu reconnaître que notre analyse, si elle ne relevait pas de la science pure, relevait au moins de la science pratique, qui, dans beaucoup de cas, ne cède en rien en mérite à la première.

Ces opinions différentes, chez des personnes de même mérite, nous ont confirmé que, dans ce cas, la dénomination d'analyse que nous avions donnée à notre invention, n'était nullement déplacée ; et pourquoi le serait-elle ? on fait bien l'analyse d'un discours, d'une phrase, d'un article de journal, etc., et il serait déplacé de dire que l'on fait l'analyse d'une matière, composée de divers éléments, qu'il faut séparer pour étudier leur état respectif, pour déterminer ensuite le principe de fabrication du tout, dont il faisait partie, au moyen de rapports arithmétiques qui en précisent la qualité ; il nous semble que ce travail de manipulation, de détail et d'appréciations multiples, a une toute autre importance et une valeur supérieure à la simple fabrication d'un bloc de mortier, ciment ou chaux, qu'il faut laisser durcir pendant quelques semaines et souvent quelques mois, pour en connaître et en préciser les effets.

Il était donc utile de faire comprendre au public intéressé, par la qualification même du titre, la différence capitale entre l'une et l'autre méthode.

D'autres savants ont cru voir dans notre analyse un procédé empirique, qui ne détruisait pas, d'après eux, ses qualités utiles : soit, mais il nous semble que l'opinion de ceux-ci pourrait être combattue avec le même succès ; en effet, pourquoi traiter d'empirique une opération qui repose sur une série d'observations dont l'enchevêtrement détermine, aux moyens de chiffres, le défaut ou la qualité du produit considéré ; peut-on croire, qu'une opération qui commence par une manipulation réglée et mathématique et qui finit par des chiffres dont les résultats font connaître le bon ou le mauvais principe observés dans une fabrication, puisse être taxée d'opération empirique, c'est ce qui nous semble injuste d'affirmer ; passons maintenant aux questions principales.

Si l'emploi des ciments rend des services incontestables à l'art de la construction, souvent aussi leur mauvaise fabrication est cause de la ruine des ouvrages. Combien de fois les constructeurs n'ont-ils pas eu à subir des pertes considérables pour des ouvrages en ciments mal réussis et dont les causes leur restaient inconnues ; si parfois aussi le mauvais succès des ouvrages pouvait être attribué à la mauvaise fabrication des ciments, souvent les mêmes ciments auraient pu rendre des services profitables dans toute autre application ignorée par l'ouvrier, et auxquelles ce défaut n'aurait pu nuire.

La perte énorme que nous fit subir une livraison de

Portland de fabrication anglaise nous suggéra les réflexions suivantes.

Si les ciments bien fabriqués se prêtent à faire de bons travaux et si ceux mal fabriqués, au contraire, ne produisent que de mauvais résultats, les éléments qui constituent la qualité respective de chaque ciment doivent offrir nécessairement des différences sensibles dans leur organisation, qui doivent se prêter à les reconnaître ; partant de ce principe, nous nous mîmes à étudier par comparaison les bons et les mauvais ciments, c'est-à-dire ceux qui se comportaient bien après l'emploi, et ceux qui se comportaient mal ; et pendant quatre années consécutives, à force d'essais de toute nature et d'observations de toutes sortes, aidé d'ailleurs par nos connaissances acquises par de longues années de pratique, sous des températures très-élevées et en plein soleil dans des pays divers, nous sommes parvenus à connaître la bonne où la mauvaise fabrication des ciments et à nous persuader de cette cause unique de l'insuccès des ouvrages.

Tout les ciments, soit ceux à prise rapide, dits ciments romains, soit ceux à prise lente dits ciments Portland, soit même les chaux hydrauliques, comportent trois qualités différentes l'une de l'autre, que les fabricants, par une économie mal comprise, cherchent à confondre ensemble ; ce mélange de qualités diverses que l'applicateur ne peut apprécier ni reconnaître, faute d'un moyen pratique de contrôle, est une cause perpétuelle de périls, surtout pour les ouvrages exécutés à l'air.

Il est reconnu et avéré, par toutes les personnes qui s'intéressent à la fabrication des ciments, que, malgré tous les soins apportés par les fabricants, il y a impossibilité absolue d'obtenir une régularité parfaite dans le chauffage ou la cuisson des fragments de pierres ; ils savent aussi que le manque de régularité de cuisson est considérablement nuisible à la solidification des mortiers, particulièrement pour les emplois faits au soleil.

Nous avons constaté, dans l'exécution de nos grands travaux en ciment et nos nombreuses expériences, qu'un ciment à prise lente, bien fabriqué et cuit à point, résiste à toutes les intempéries, à toutes les températures basses ou élevées et durcit indéfiniment, même quand les ouvrages sont exécutés au soleil ; cette qualité, d'après nous, doit contenir de 25 à 35 % de résidus, provenant de la trituration, dans lesquels on doit trouver 15,00 environ de grains provenant des fragments peu cuits ou vitrifiés ; le degré de cuisson de ce ciment doit être de 8, 00, et celui de la chaux libre de 15, 00 au-dessus de zéro de l'échelle analytique.

Les ciments à prise rapide au contraire ne contiennent que 10 à 15 % de ces mêmes résidus, dans lesquels on doit trouver 7 % environ de grains provenant des fragments cuits à point, le reste des résidus, qui varient entre 3 et 5 % quelquefois 6 et 7, représente les grains provenant des fragments incuits ou trop cuits ; le degré de cuisson de ce ciment doit être de 8,00 et celui de la chaux libre de 15,00 au-dessous de zéro de l'échelle analytique.

Il est à observer que les résidus contenus dans les ciments appartiennent à quatre sortes de pierres cuites, mais inégalement calcinées, que l'on désigne par incuits, biscuits et cuits inégalement.

Les parties incuites ou trop cuites ne sont pas nuisibles aux mortiers à cause de leur inertie ; il n'en est pas de même des résidus appartenant à la troisième catégorie qui la plupart se trouvent en état de chaux vive et dont l'hydratation tardive, lors de la prise des mortiers, est une cause de destruction certaine.

On peut comprendre dès maintenant toute l'importance qui se rattache à la fabrication des ciments, et surtout au choix des pierres cuites, à leur sortie du four, et l'influence que doit exercer sur la fabrication des poudres le manque de soins dans ce travail de triage le plus souvent négligé.

Jusqu'à ce jour, les consommateurs étaient livrés à la merci de celui qui lui vendait sa marchandise, et, faute de moyens pratiques de contrôler la fabrication, il devait s'en rapporter à la bonne foi de son fournisseur qui, quelquefois, lui aussi, livrait son produit sans le connaître, puisqu'il n'avait pas les moyens de l'apprécier avant de le livrer, et trompait ainsi inconsciemment son client, qu'il aurait sans doute voulu bien servir.

Beaucoup de personnes s'imaginent qu'il n'y a de mauvais ciments que ceux qui sont avariés ou fraudés, et ne peuvent comprendre qu'un ciment qui aura produit de mauvais résultats pour certains ouvrages puisse être employé avce succès dans certains autres, ne pensant pas qu'une même fabrication puisse fournir des qualités différentes, et que l'on peut utiliser les qualités inférieures aux ouvrages de grosse maçonnerie, pour les constuctions faites en contre-bas du sol.

Nous avons déjà dit que du choix des matériaux cuits dépend la qualité du ciment, et que la première qualité provient des matériaux cuits à point, la deuxième des matériaux cuits inégalement, la troisième des matériaux peu cuits.

Le ciment de Portland de première qualité, de deuxième et troisième âge, peut être employé à toutes sortes d'ouvrages, à l'eau, à l'air, et même au soleil le plus ardent, à condition qu'il soit dépourvu de chaux vive.

Le ciment de deuxième qualité, au contraire, ne peut être employé avec succès qu'aux travaux de grosse maçonnerie, en élévation ou en sous-sols et aux enduits intérieurs, s'il est aussi du deuxième et du troisième âge, pour que la prise soit assez lente pour se prêter à une bonne manipulation.

Quand à la troisième qualité, elle devra être exclusivement réservée pour les ouvrages de grosse maçonnerie en sous-sols et les travaux exécutés dans l'eau.

Nous terminerons ces quelques observations, qui nous ont paru de la plus grande utilité, par la reproduction du rapport de M. Baude, inspecteur général des ponts-et-chaussées, à la Société d'Encouragement pour l'industrie nationale, relativement à notre analyse.

Société d'Encouragement pour l'industrie nationale,

Séance du 28 mai 1875,

Présidence de M. Dumas, président,

Ciments et mortiers. — M. Baude lit, au nom du Comité des arts économiques, un rapport sur les procédés de M. Ducournau, pour l'essai pratique des ciments employés dans les constructions à Paris.

Après avoir rappelé la découverte des chaux hydrauliques naturelles et artificielles, faites par M. Vicat, à la fin du premier empire, découverte qui a été un des principaux éléments du développement et de la stabilité des constructions modernes, M. *Baude* parle des ciments à prise plus rapide, découverts plus tard en Angleterre et en France, à Boulogne-sur-Mer, à Pouilly et autres lieux.

Ces ciments qui se livrent, réduits en poudre, par barils ou en sacs, au prix de 6 à 8 francs les 100 kilos, employés peu de temps après leur fabrication s'altèrent parce que, lorsqu'ils sont mélangés à la chaux, celle-ci n'est pas encore complétement éteinte quand le ciment a acquis toute sa dureté. D'autres transformations chimiques plus lentes que la prise du ciment s'opèrent aussi, et elles produisent des changements de volume qui ont des conséquences très-fâcheuses pour les constructions hydrauliques dans lesquelles il a été employé.

Il importait donc beaucoup de connaître d'avance si le ciment de fabrication trop récente, mêlé à la chaux et au sable, ne produirait pas les retraits, les fendillements ou boursouflures qu'on redoute et qui compromettent le succès des constructions exécutées ainsi.

C'est à l'étude de cette question que M. *Ducournau* s'est appliqué, et, grâce à une longue expérience des travaux en maçonnerie, il a découvert une manipulation simple qui éclaire le constructeur sur la qualité du ciment qu'il essaie. Ce procédé, décrit par son inventeur, sera publié dans le *bulletin* de la Société. Il a été appliqué avec un succès constant dans tous les examens auxquels Messieurs les ingénieurs de Paris se livrent ; avant d'admettre l'emploi de grandes masses de ciments, et il fait connaître, par les résidus comparables que laissent ces diverses décantations : 1° Si le ciment qu'on examine est du Portland à prise plus lente, ou l'un des ciments romains connus, qui ont une prise plus rapide ; 2° l'âge du ciment ou l'époque de sa fabrication ; 3° ses qualités plus ou moins énergiques. *L'agrégat* que M.

Ducournau fait mélanger au ciment, dans la proportion d'un dixième, a pour objet de ralentir la prise du mortier.' Il donne au ciment les qualités que cette matière acquierrait avec l'âge, sans donner lieu à la perte dans la force d'agrégation et à quelques autres inconvénients qui résultent de l'emploi de ciments trop anciens.

Les longs travaux de M. *Ducournau*, sa persévérance désintéressée, le succès de ses procédés ont déterminé le Comité des arts économiques à vous proposer de le remercier de la communication qu'il a faite à la Société, et d'insérer dans *le bulletin* le rapport auquel elle a donné lieu.

Ces conclusions, mises aux voix, sont approuvées par le Conseil.

Séance générale du 25 juin 1875.

Présidence de M. DUMAS
Secrétaire perpétuel de l'Académie des sciences.

La Société d'Encouragement pour l'industrie nationale a tenu, le 25 juin 1875, en présence d'un public très-nombreux, sa séance annuelle, consacrée à la distribution des prix et médailles, séance qu'elle avait été obligée d'ajourner, en 1874, par suite des travaux de restauration de son hôtel.

Le fauteuil de la présidence était occupé par M. Dumas, président de la Société, secrétaire perpétuel de l'Académie des sciences ; à ses côtés siégeaient MM. Devinck, ancien président du tribunal de commerce, membre de la commission des fonds, Péligot, membre de l'Institut et Ch. Laboulaye, secrétaire du Conseil de la Société qui ont assisté à la distribution des diverses récompenses.

Méthode pour l'essai des ciments, par M. Ducournau, Boulevard Morland, 6, à Paris.

Il importe, dans les constructions, de connaître d'avance les qualités du ciment qu'on emploie, et de savoir, dans la réception que les ingénieurs sont obligés de faire, si le fournisseur livre des ciments à prise lente ou à prise rapide, ce qu'il ignore quelquefois lui-même, au milieu du mouvement commercial de la marchandise.

M. Ducournau a fait, à ce sujet, des études qui ont été couronnées de succès, et dans sa longue expérience d'entrepreneur de travaux publics il a trouvé une méthode simple, qui fait apprécier avec un suffisant degré d'exactitude, la qualité du sac ou du tas de ciment que l'on se dispose à faire sortir du magasin qui le renferme.

La Société d'Encouragement décerne, en conséquence, une médaille d'argent à M. Ducournau.

Faute du rapport très-favorable fait à la Société des architectes sur les avantages de notre analyse, par M. Bosc, rapporteur, que nous n'avons pu encore nous procurer, nous rapportons à sa place l'extrait d'un article fait par le même rapporteur dans la *Gazette des architectes et du bâtiment* du 15 février 1876.

ÉTUDE SUR UNE ANALYSE PRATIQUE

Pour expérimenter et classer les ciments.

Précédemment, pages 33, 57 et 65 (année 1875) de la *Gazette des architectes*, notre collaborateur J. Marcus de Vèze, a donné une *étude sur les ciments, les mortiers hydrauliques et les bétons*. A la fin de la note 2, page 65, notre collaborateur ajoute « l'administration de la ville de Paris a voté une prime de 1,000 francs à M. Ducournau, pour une analyse simple, qui peut être exécutée par n'importe qui, sur le chantier ; en un mot, c'est une *analyse empirique*, c'est pourquoi elle est si utile. » C'est cette analyse que nous donnons aujourd'hui dans l'étude qu'on va lire (note de la rédaction.)

Avant-propos.

Nous ne rappellerons pas ici la découverte des chaux hydrauliques naturelles ou artificielles, faite par Vicat. Personne n'ignore, en effet, quelle a été l'origine et l'un des principaux éléments du développement et de la stabilité des immenses constructions modernes.

Après Vicat, en France et en Angleterre, à Portland, à Boulogne-sur-Mer, à Pouilly et dans d'autres lieux encore, on s'est mis à ne faire que des ciments à prise plus rapide. (1).

Ces ciments, employés peu de temps après leur fabrication, s'altèrent, se détériorent même plus ou moins, parce que, lorsqu'ils sont mélangés à la chaux, celle-ci n'est pas encore complétement éteinte lorsque le ciment a déjà acquis sa dureté. Il se produit même après la prise du ciment des transformations qui amènent des changements de volume qui ont les plus fâcheuses, nous pourrions même dire les plus désastreuses conséquences pour les constructions hydrauliques dans lesquelles le ciment a été employé.

Il importait donc beaucoup au constructeur de trouver un moyen sûr et pratique de connaître d'avance si le ciment qu'il allait employer n'était pas de fabrication récente, s'il ne renfermait pas de la chaux vive ou trop de sable ; en un mot, les constructeurs étaient trop désireux de connaître un moyen qui leur permît de contrôler, *d'essayer pratiquement* leurs ciments et de savoir s'ils ne produiraient pas des retraits, des fendillements, des gerçures ou des boursouflures ; car, tous savent très-bien que des matériaux amenant ces défectuosités peuvent compromettre la stabilité des constructions, ou tout au moins altérer leur beauté. C'est à l'étude de cette grave question qu'un ouvrier honnête et intelligent, M. Ducournau, a consacré trente ans de son existence, et, grâce à sa persévérance et à sa longue expérience des travaux hydrauliques, il a découvert une manipulation simple et facile qui peut éclairer le constructeur sur la qualité du ciment qu'il va employer.

Le procédé que nous allons décrire a été essayé et appliqué avec un succès constant par les ingénieurs de la ville

---

(1) En effet, jusqu'à ces époques on ne connaissait comme ciment que le résidu provenant des tuileaux pulvérisés et les pouzzolanes naturelles. Ce ne fut que plus tard que l'on s'ingénia à fabriquer les pouzzolanes artificielles et les ciments romains à prise rapide.

de Paris, qui ont reconnu et constaté que, par les résidus comparables que laissent les diverses décantations, ce procédé fait connaître :

1° Si le ciment soumis à l'analyse est de Portland à prise lente, où l'un des ciments dits *romains*, qui ont une prise plus rapide.

2° L'âge du ciment, c'est-à-dire l'époque de sa fabrication.

3° Ses qualités plus ou moins énergiques.

Manipulation.

Nous renvoyons nos lecteurs à la page 98 où ils trouveront les mêmes principes démontrés par nous, qu'il serait superflus de répéter.

Nous terminerons la nomenclature de ces divers rapports, par les deux lettres suivantes qui nous ont été adressées du Ministère de la guerre et du génie militaire.

MINISTÈRE DE LA GUERRE

DIRECTION GÉNÉRALE
du personnel et du matériel

SERVICE DU GÉNIE

BUREAU DU MATÉRIEL

Au sujet
d'un nouveau procédé pour
l'analyse des ciments.

Paris, le 26 février 1876.

Monsieur,

Par deux lettres en date des 10 novembre et 9 décembre 1874, vous m'avez proposé pour l'administration de la guerre l'emploi d'un nouveau procédé par vous inventé, pour reconnaître les qualités des ciments.

Tout en vous remerciant de la communication que vous

avez bien voulu me faire de votre procédé, je vous annonce que, conformément à l'avis exprimé par le Comité des fortifications, et sans juger que le procédé puisse être adopté d'une manière générale par le service du génie, je ne m'oppose pas à ce que les officiers du génie aient recours à vous en certaines circonstances pour les réceptions des ciments.

Recevez, Monsieur, l'assurance de ma considération très-distinguée.

Le Ministre de la guerre,

Pour le Ministre et par délégation spéciale du directeur général du personnel et du matériel.

Le général, chef du service.

GÉNIE

Direction de Châlons-sur-Marne

CHEFFERIE DE REIMS

PLACE DE REIMS

Je soussigné Lestelle, chef de bataillon du génie en chef de la circonscription de Reims, certifie que M. Ducournau, de passage à Reims, a fait l'analyse des chaux et ciments employés sur les divers chantiers ; que les résultats ainsi obtenus ont concordé avec les expériences déjà faites dans la place, mais ont fourni des indications que je considère comme importantes, pour expliquer les différences observées entre des chaux de diverses espèces.

Reims, le 22 Juillet 1876.

Le chef de bataillon du génie en chef,

LESTELLE.

§ II.

L'analyse que nous avons inventée a pour but de constater.

1° L'âge du ciment.

2° Sa nature et son degré de cuisson.

3° Le plus ou moins de soins apportés dans sa fabrication, soit dans le choix des matériaux, dans la trituration, soit dans le tamisage des poudres.

4° L'état de la chaux libre dans les poudres, si elle est *vive*, *fusée* ou *éteinte*.

5° Et enfin le groupe de résistance auquel appartient le ciment soumis à l'analyse.

L'âge du ciment a une importance réelle pour son emploi dans les ouvrages à l'air, surtout pour les travaux de faible épaisseur, dallages, enduits, etc., il a aussi une grande influence sur les mortiers employés dans les grosses maçonneries ; car de l'âge du ciment dépend la prise plus ou moins rapide : les ciments de premier âge ont tous une prise très-rapide, ceux du deuxième âge ont la prise plus modérée et par conséquent plus convenable à leur emploi, ceux du troisième âge ont une prise très-lente, quelquefois préjudiciable à l'exécution de certains ouvrages.

S'il était possible d'employer les ciments du premier âge, avec un volume d'eau ne dépassant pas celui du demi-volume des poudres, on obtiendrait des mortiers d'une dureté excessive, bien plus forte que ceux fabriqués avec des ciments d'un autre âge ; mais la quantité disproportionnée d'eau que l'on introduit dans les mortiers, pour obtenir une pâte malléable et la proportion exagérée du sable que l'on mélange par économie, diminuent d'une manière très-notable la résistance des ciments ; ce n'est pas le sable proprement dit qui nuit le plus à la pâte des ciments, mais bien la trop grande quantité d'eau qu'il faut ajouter pour obtenir une pâte assez molle, et qui dans tous les cas ne devrait pas dépasser celui du demi-volume de la *bouillie* produite par *l'analyse;* c'est là la seule cause de la faiblesse des ciments, qui nuit d'une manière si considérable à la force de leur

résistance. Le même cas se présente quand le ciment est trop
frais de fabrication ; l'ouvrier, dans ce cas aussi, est obligé
d'augmenter la quantité d'eau pour amortir la prise. Ainsi
donc, que ce soit pour une cause ou pour l'autre, c'est toujours l'eau que l'on ajoute en sus de la proportion voulue
qui nuit à la résistance des mortiers-ciments et à leur force
de cohésion, comme aussi à la cristallisation de la surface des
enduits, surtout s'ils sont modérément cuits ; en gâchant les
ciments, avec 40 à 45 p. % d'eau, on obtient le maximum de leur résistance quand les ciments sont du deuxième
âge, et plus cette proportion d'eau est augmentée, plus la
résistance des ciments se trouve réduite ; on s'expose même,
par l'emploi d'une proportion d'eau trop forte, à ce que les
mortiers-ciments soient bien au-dessous en dureté des mortiers de chaux hydrauliques ; à quoi sert, dans ce cas, la dépense, pour en arriver à un si maigre résultat.

Le ciment de Portland est celui qui dépense le plus de
combustible pour sa cuisson à température élevée. Un bon
ciment de Portland doit être très-cuit, sans cependant qu'il
soit brûlé ; un ciment cuit dans ces conditions durcit indéfiniment et sa résistance augmente après son emploi, sinon
proportionnellement, du moins d'une manière continue.

Autre chose est le ciment de Portland peu cuit, qui rend
toute sa force de résistance dans les premiers jours de son
emploi, mais qui s'arrête en route quand il ne rétrograde
pas, ce qui arrive quelquefois.

Les ciments romains sont dans les mêmes conditions que
les ciments de Portland peu cuits, la résistance des mortiers
n'augmente pas avec le temps, elle diminue plutôt ; en résumé,
la résistance des ciments de premier âge est la plus forte quand
elle n'est pas amoindrie par une trop forte quantité d'eau,
celle du deuxième âge vient ensuite, et celle du troisième
âge est la plus faible, dans les premiers jours des emplois,
mais il durcit avec le temps.

La fabrication comprend trois éléments qui en font un tout
plus ou moins bien combiné ; le premier consiste dans le bon
choix des fragments cuits à point, le deuxième dans celui d'une
bonne pulvérisation et le troisième dans celui d'un bon
tamisage.

Les ciments frais sont ceux qui contiennent le plus de *chaux vive*, ceux du deuxième âge sont ceux qui contiennent le plus de *chaux fusée*, ceux du troisième âge sont ceux qui contiennent le plus de *chaux éteinte ;* voilà pourquoi ce dernier ciment n'offre souvent que des résultats médiocres quant à la résistance.

Il est de la plus grande utilité de reconnaître, avant l'emploi des ciments, à quel groupe de résistance ils appartiennent pour en fixer, d'abord la valeur intrinsèque, et la quantité de sable qui pourra leur être mélangée. Il est de toute évidence que le ciment qui offrira une résistance du tiers ou du double sur un autre ciment vaudra un tiers ou le double de prix, puisqu'il pourra supporter une plus grande quantité de sable ; nous n'avons pas besoin de démontrer la justesse d'un fait dont le simple bon sens doit faire justice.

Maintenant, sortirons-nous de notre rôle d'inventeur en donnant quelques conseils aux fabricants de ciments, ce sera, dans tous les cas, dans de bonnes intentions. Si nous faisons appel à leur intelligence pour porter tous leurs soins à leur fabrication, ce sera dans leur propre intérêt, aussi bien que dans celui des constructeurs, et notre seul désir est que notre analyse ne serve qu'à constater la bonne qualité de leurs produits ; car nous dirons avec le *Petit Journal* du 17 août 1875, « le commerce est-il l'art de tromper son monde? » (1).

« C'est un préjugé fort ancien et trop répandu, que l'habileté commerciale consiste surtout à duper le client ; ce préjugé se trouve dans tous les pays.

» Cependant, où cela mène-t-il d'ordinaire ? en outre des répressions de justice qui discréditent une maison, le public trompé finit toujours par s'apercevoir de la fraude ; et le commerçant trompeur ne voit plus venir que des acheteurs d'aventure et de plus en plus rares, des clients

---

(1) « Le moyen le plus sûr, pour un commerçant, de faire de bonnes affaires, n'est-il pas plutôt d'attirer et de s'attacher les clients par des procédés de loyauté irréprochables ?

L'expérience ne montre-t-elle pas que les meilleures maisons et les plus grandes fortunes ont eu pour élément principal la probité ?

acheteurs à crédit, peu solvables, et qui subissent la fraude du marchand, parce qu'ils savent ne pouvoir payer ; ainsi se vérifie l'aphorisme : à trompeur, trompeur et demi.

» Est-ce ainsi que se font les bonnes maisons, les maisons à clientèle fidèle et de plus en plus étendues, les maisons où la probité est la règle des deux parties, où l'acheteur est disposé à bien payer une marchandise qu'il sait de bon aloi.

» Du petit au grand ; nous avons vu en France, dans le cours des cinquante dernières années, des villes de commerce faisant surtout l'exportation qui se sont discréditées sur les marchés étrangers par certaines habitudes frauduleuses, qui ont perdu d'immenses clientèles et sont aujourd'hui déchues de leur importance, tandis que d'autres villes ont grandi par leur probité commerciale autant que par leur intelligence (1). »

Nous savons que tous les torts ne sont pas du côté des fabricants de ciments s'ils livrent parfois à la consommation des produits de qualité inférieure ; les administrations ont le tort grave de tolérer des rabais peu honnêtes aux adjudications des travaux publics, et de sembler croire que ces rabais extravagants tournent au bénéfice de l'Etat ou des municipalités, tandis qu'au contraire ce mode de rabais n'est qu'une source d'iniquités, de fraudes et de rapines que des entrepreneurs peu consciencieux font fructifier, aux dépens des ouvriers, des fournisseurs et le plus souvent des administrations publiques ; l'entrepreneur, faiseur de gros rabais, ne peut être qu'un ignorant ou un malhonnête homme ;

---

(1) Nous avons déjà dit à quoi nous avait exposé une mauvaise fourniture de ciment de Portland anglais, dans nos travaux d'Italie. Nous devons ajouter que nos mauvais travaux arrêtèrent tout d'un coup l'élan qu'avaient pris les ouvrages en ciment, et que, par suite, la consommation de ce produit, au lieu de prendre le développement que promettaient nos premières opérations, il s'en suivit un point d'arrêt, que nos grands sacrifices faits pour la réparation des ouvrages en mauvais ciment ne purent arrêter. Ce fut donc à la fois une perte considérable pour nous, et une perte bien plus grande pour la fabrication du ciment que nous avions introduit en Italie à grands frais : perte qu'il serait difficile d'apprécier en toute connaissance de cause.

dans le premier cas il expose sa fortune et celle de sa caution, dans le second cas il se sort d'affaire au détriment de tout le monde.

Dans l'intérêt de la probité commerciale, dans les entreprises de travaux publics, nous désirons voir substituer au mode des adjudications par rabais, celui du tirage au sort sur l'estimation du prix du devis.

En effet, n'est-ce pas une anomalie des plus étranges de voir des personnes le plus souvent ignorantes dans l'art du calcul, détruire d'un seul trait de plume, et comme par un coup de tête, le travail consciencieux d'ingénieurs ou d'architectes habiles, qui le plus souvent ne dissimulent pas leur indignation de voir détruire ainsi brutalement des calculs auxquels ils ont apporté tous les soins de leur conscience et de leur génie.

Pour faire cesser la fraude il faut détruire les abus qui l'entretiennent, et nous n'en connaissons pas de plus grands et de plus dangereux que celui qui donne aux faiseurs de dupes la faculté de devenir adjudicataires d'un travail public ; car ceux-là sont toujours sûrs de se sortir d'affaire soit en trompant les administrations ou en faisant faillite.

Les entreprises par le tirage au sort auraient ceci d'avantageux qu'il ne serait indispensable de changer que le rabais à l'ancien mode d'adjudication ; mais il aurait l'avantage d'offrir plus de sécurité pour l'exécution des ouvrages et la fourniture des matériaux ; les administrations auraient en outre plus de force et d'autorité pour exiger des entrepreneurs la stricte exécution de leurs engagements, soit envers les ouvriers attachés à l'entreprise, soit pour ce qui toucherait à la bonne harmonie des chantiers et à la bonne exécution des ouvrages.

Ce que nous venons de dire n'a rien d'exagéré, car des fournisseurs de ciments nous ont déclaré eux-mêmes avec franchise que pour faire des affaires ils étaient obligés de falsifier leur ciment, de manière à pouvoir les livrer à meilleur marché aux entrepreneurs qui avaient fait de forts rabais ; alors la fraude sur ce produit s'est tellement développée que les fabricants eux-mêmes se sont vus obligés d'avertir les consommateurs par la voie des journaux qu'ils

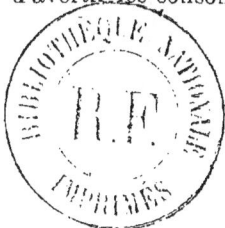

7

ne garantissaient leurs produits que s'ils venaient directement de leur usine : avis donc aux consommateurs.

Cependant, nous devons déclarer que, s'il y a des entrepositaires peu scrupuleux pour frauder les produits qui leur sont confiés, nous en connaissons aussi qui méritent toute la confiance des constructeurs, car ceux-ci aiment mieux renvoyer des clients peu soucieux de la bonne qualité de la marchandise, que de frauder les produits confiés à leurs maisons.

Après la fraude, viennent les défauts de fabrication, dont les fabricants ne sont pas toujours la cause, puisqu'ils livrent avec confiance leurs produits, sinon avec la certitude, du moins avec la croyance de bien servir le client ; aussi, les fabricants de ciments sont-ils les premiers intéressés à se servir de notre *agrégat*, pour rectifier leur fabrication ou tout au moins doivent-ils en recommander l'emploi, pour leur satisfaction, à tous ceux qui feront usage de leurs produits : ce sera le seul moyen d'éviter le discrédit de leur fabrication, les procès et les ennuis qui surgissent toujours d'une fourniture vicieuse.

Les ciments ont trois vices inhérents à leur fabrication et qu'il est difficile, pour ne pas dire impossible d'éviter ; ces trois défauts principaux, dont l'importance compromet assurément le succès des emplois, sont, comme nous l'avons déjà dit, leur trop *fraîche* fabrication, la chaux *vive* contenue dans les poudres, et le mélange des matériaux peu cuits avec ceux cuits à *point*; notre *agrégat* étant l'antidote de ces trois défauts, il devient donc nécessaire et même indispensable de le mettre en usage ; ce sera, nous pouvons l'affirmer, le complément de la fabrication des ciments.

§ III.

Manipulation de l'analyse.

Après avoir pris dans plusieurs sacs ou plusieurs barils une poignée de ciment que l'on se propose d'analyser, on mélangera ces diverses poignées ensemble, on en mesurera ensuite cent centilitres, que l'on pèsera avec soin (1) ; on divisera ces cent centilitres de poudre, à peu près en quatre parties égales, on introduira l'une de ces parties dans une petite fiole, dans laquelle on introduira ensuite une quantité d'eau égale à peu près à quatre fois le volume du ciment, on agitera fortement le tout, puis on décantera avec précaution dans une éprouvette graduée, en observant toutefois que le détritus ou résidus ne s'échappe pas de la fiole; on recommencera l'opération, en introduisant une autre partie de ciment, jusqu'à ce qu'il n'y en ait plus ; à la dernière partie on continuera le lavage avec des petites quantités d'eau, jusqu'à ce qu'elle sorte claire de la bouteille ; alors, on versera le détritus qui sera resté au fond de la fiole, dans une capsule ou une soucoupe, pour les faire sécher à la chaleur du feu ; on laissera reposer pendant une demi-heure environ l'eau troublée, que l'on aura décantée dans l'éprouvette graduée, lorsqu'on se sera assuré que la bouillie ne descend plus, on observera à la graduation de l'éprouvette si la bouillie a augmenté ou diminué de volume, eu égard aux cent centilitres de la poudre lavée. (2).

On extraira ensuite avec soin la bouillie de l'éprouvette (après en avoir préalablement sorti l'eau, avec la plus grande attention) dans une capsule ou soucoupe pour la

---

(1) Cette première opération fournira une donnée sur la qualité du ciment que l'on se propose d'analyser. Le ciment de Portland de première qualité doit dépasser en poids 120 pour un volume de 100 parties de ciment ; celui de la deuxième qualité doit dépasser 110. Le ciment de Portland au-dessus de ces divers poids appartiendra à la troisième qualité. Quant aux ciments à prise rapide, dits ciments romains, on sait que leur poids varie entre 60 et 90 pour un volume de 100 de poudre.

(2) Lorsque la bouillie dépassera un volume de 90, c'est qu'elle appartiendra à un ciment de nouvelle fabrication, c'est-à-dire à la première phase de son âge. Si la bouillie obtenait un volume au-dessus de 160, c'est que le ciment soumis à l'analyse contiendrait une grande quantité de chaux libre. Lorsque la bouillie n'atteindra qu'un volume de 60 à 70, le ciment sera dans la troisième phase de son âge (la plus convenable pour les travaux à l'air). Au-dessous de ce volume, la bouillie appartiendra à un ciment de de troisième âge, commencera à perdre de sa vigueur et le plus souvent sera impropre aux ouvrages en ciment.

faire sécher à la chaleur du feu sitôt sèche, on la triturera
au moyen d'une petite truelle, sur une plaque en fonte, en
zinc ou en marbre, on la passera ensuite au tamis 80, on
introduira encore cette nouvelle poudre dans l'éprouvette
graduée (1) et on observera, à la graduation, si cette poudre
a augmenté ou diminué de volume eu égard à la bouillie ; on lui fera subir ensuite, dans la même éprouvette et
par petites parties, une compression jusqu'au refus (2) ; la
quantité comprimée constituera un élément de calcul ainsi
que la compression pour %.

On procèdera ensuite, après les avoir fait sécher, au tamisage des détritus (3) que l'on effectuera au moyen de tamis n° 30, n° 50 et n° 80 ; les résidus qui resteront sur le
tamis n° 30 proviendront des fragments les plus fortement
cuits, ceux qui resteront sur le tamis n° 50 proviendront
des fragments assez régulièrement cuits, ceux qui resteront
sur le tamis n° 80 proviendront des fragments cuits à
point, le restant des détritus, c'est-à-dire ceux qui passeront
à travers le tamis n° 80, que nous désignons par T 100, proviendront des fragments les moins cuits ou des matières
étrangères introduites dans les poudres ; si les détritus, après
le tamisage, présentaient des grains de teintes différentes,

(1) Pour que le ciment de deuxième et troisième classes soit dans une
bonne condition hygrométrique et de fabrication, il faudra que le volume
de la poudre provenant de la bouillie séchée soit plus fort que celui de la
bouillie elle-même, c'est-à-dire qu'elle devra produire un foisonnement, et
moins ce foisonnement sera fort, eu égard au volume de la bouillie, moins
le ciment aura de vie.

(2) Pour les ciments de fraîche fabrication, plus ils seront cuits plus le
volume de la poudre comprimée sera fort, et par conséquent la compression
pour cent sera moindre. Ces mêmes effets devront se produire pour les ciments peu cuits qui auront atteint le troisième âge.

(3) Sitôt les détritus séchés, on les pèsera, et on soustraira le poids de
la poudre soumise à l'analyse. Plus le poids des détritus sera fort, plus le
prix des poudres des ciments sera onéreux et par conséquent plus les poudres perdront en qualité de valeur intrinsèque.
Les détritus restés sur les tamis 50 et 80, étant considérés comme des
éléments d'une bonne fabrication (puisqu'ils appartiennent aux fragments
de pierres cuites avec le plus de précision), devront faire partie des éléments de calculs pour la fabrication.

c'est qu'alors le ciment analysé aurait subi un mélange de chaux ou autre produit, étranger à sa fabrication.

Pour s'assurer si le ciment analysé contient quelques parties de chaux *vive*, si préjudiciable aux emplois faits à l'air, ou si le ciment est avarié, on gâchera à nouveau la poudre comprimée provenant de la bouillie, on en fera un petit échantillon en forme de macaron, qu'on laissera prendre jusqu'à ce qu'il puisse supporter l'aiguille à ciseau (1) du poids de cinq cents grammes, cette prise à l'aiguille devra s'effectuer de trente à soixante-dix heures pour le ciment de Portland, suivant que la température sera plus ou moins élevée, ou le ciment d'une fabrication plus ou moins récente; le ciment de Portland, qui ne supporterait pas l'aiguille dans ce laps de temps, pourra être considéré comme étant trop chargé de chaux, trop vieux ou avarié; les traces de la chaux *vive* que contiendrait le ciment apparaîtront à la surface des macarons en formes de veines en relief et entrelacées ; si la chaux était fusée ou éteinte, les veines, au lieu d'être en relief, apparaîtraient en contre-bas de la croûte des macarons.

---

(1) L'aiguille à ciseau se compose d'un petit burin très-effilé, d'environ sept millimètres de largeur, vingt-cinq centimètres de longueur, au bout duquel se trouve agencée une rondelle en plomb formant le complément du poids de cinq cents grammes.

L'aiguille à ciseau a ceci de particulier sur l'aiguille Vicat, c'est que cette dernière présente une surface plane à son extrémité, tandis que la première est faite en biseau très-effilé ; de manière que sa pression puisse crever la croûte qui se forme toujours à la surface des macarons au moment de la prise, ce qui ne pourrait avoir lieu avec une aiguille à surface plane, le macaron pouvant parfaitement résister à la surface sans être pris à quelques millimètres de profondeur.

TABLEAU DE L'ANALYSE.

SIGNES.	DÉTAIL DE L'ANALYSE.	ÉLÉMENTS produits par la fabrica-tion.	OBSERVATIONS.
P	Poids du ciment soumis à l'ana-lyse	113.00	
V	Volume du même ciment. . . .	100.00	Le nombre 109.81 étant plus fort de 4.81 que le volume 105.00 dénote que ce produit est un ci-ment de Portland fai-blement cuit.
D	Volume du détritus contenu dans le même ciment	30.40	
A	Volume de la poudre soumise à l'analyse ou masse active. .	69.60	Le volume moyen 119.50 représente un ciment de premier âge.
B	Volume de la même poudre mise en bouillie..	134.00	Le nombre 8427 dé-note que le ciment appar-tient à la deuxième fabri-cation.
S	Volume de la bouillie séchée, triturée et tamisée.	105.00	
C	Volume de la même poudre comprimée.	68.00	Le degré 11.47 repré-sente la chaux libre con-tenue dans le ciment en état de chaux fusée.
C'	Compression p. 0/0.	36.00	
T	Volume des détritus et Restés sur les tamis $\left\{ \begin{array}{l} \text{T— 30= 0.00} \\ 80 \quad \text{T— 50= 4.00} \\ 50 \quad \text{T— 80= 4.00} \\ \text{T—100=22.40} \end{array} \right\}$ 8.00	8.00	
D	Volume total des détritus . . | 30.40	30.40	

DÉTAIL DES CALCULS.

Première formule. — Trouver l'âge du ciment :

$$\frac{B + S}{2} = A' — 119{,}50$$

On ajoutera 134,00, produit de la bouillie, à 105,00, pro-duit de la bouillie séchée, et on prendra la moitié pour dé-terminer l'âge du ciment, soit le volume moyen 119,50.

CIMENTS et CHAUX HYDRAULIQUES	TERMES MINIMUM DE L'AGE		
	1er	2e	3e
Ciment de Portland.	90.00	70.00	60.00
Ciment romain.	100.00	80.00	70.00
Chaux hydraulique.	110.00	90.00	80.00

Deuxième formule. — Trouver le degré de cuisson et la nature du ciment :

$$\frac{(S - C) \times P}{100} + - S = N - 4,81$$

Ou soustraire du volume de la bouillie séchée celui de la poudre comprimée ; multiplier le reste par le poids du ciment et diviser par 100 ; ajouter au quotient le volume de la poudre comprimée, pour connaître la nature et avoir le degré de cuisson du ciment.

Dans le cas présent, si on soustrait du volume 105,00 le volume 64,00, que l'on multiplie le reste par le poids 113,00, qu'on divise le produit par 100 et qu'on ajoute au quotient le volume 68,00, on obtiendra le nombre 109,81, plus fort que le volume 105,00, ce qui énoncera que le ciment soumis à l'analyse est un ciment de Portland.

Si, au contraire, le nombre obtenu par cette dernière opération était moins fort que le volume 105,00, c'est que le ciment appartiendrait à la famille des ciments romains ou des chaux hydrauliques.

CIMENTS et CHAUX HYDRAULIQUES	TERMES MINIMUM DE LA QUALITÉ		
	1re	2e	3e
Ciment de Portland.	9000.00	7000.00	6000.00
Ciment romain.	7000.00	5000.00	4000.00
Chaux hydraulique.	4000.00	3000.00	2000.00

Troisième formule. — Trouver la qualité de la fabrication :

$$\frac{(A + C') \times (C + T) \times N}{100} + (AC') \times (C_-^{v} + T) = F - 8427,81$$

Ou ajouter au volume de la poudre soumise à l'analyse le produit de la compression pour cent, multiplier le total par le volume de la poudre comprimée et celui des détritus restés sur les tamis 50 et 80 ; multiplier ce premier résultat par les degrés de la cuisson, diviser ce deuxième produit par 100, ajouter le quotient au premier produit pour déterminer la qualité de la fabrication.

Dans le cas présent, si on ajoute au volume 69,60 le nombre 36,19 et que l'on multiplie le total par le volume 68,00 plus le volume 8, on obtiendra pour premier résultat le nombre 8041,04. Si on multiplie ensuite ce résultat par le degré de la cuisson, 4,81, et que l'on divise par 100, qu'on ajoute ensuite le quotient 386,77 au résultat 8041,04 de la première multiplication, on obtiendra le nombre 8427,81 qui déterminera la qualité de fabrication du ciment.

Si le produit appartenait à la famille des ciments romains ou des chaux hydrauliques, il faudrait soustraire du nombre 8041,04 le nombre 386,77 au lieu de l'ajouter.

Quatrième formule. — **Déterminer l'état de la chaux libre dans le ciment de Portland et dans le ciment romain, quand les degrés du signe N ne se composent que d'unités :**

$$\frac{S + B \times N}{100} = C'' - 11,47$$

Ou ajouter le volume 105,00 au volume 134,00 et multiplier le total par 4,81 degrés de la cuisson ; diviser le total par 100 pour déterminer les degrés de la chaux libre. Dans le cas présent, ce degré serait de 11,47. Pour les ciments romains, dont les degrés de signe N se composent de dizaines, la formule sera la suivante :

$$\frac{S \pm B}{N} = C''$$

Ou ajouter le volume de la bouillie séchée au volume de

la bouillie molle, et diviser le total par le degré de la cuisson.

La formule suivante sera celle applicable à la chaux :

$$\frac{S + B + N}{10} = C''$$

Ou ajouter au volume de la bouillie séchée celui de la bouillie molle et de la cuisson, et diviser par 10.

En consultant l'échelle analytique on pourra se rendre compte plus exactement des cas d'application de l'une ou de l'autre de ces formules.

Cinquième formule, — applicable au ciment de Portland, pour trouver le groupe auquel appartient la résistance du ciment :

$$N + C'' \times \frac{40}{25} = R. — 26 \ k^o \ 080 \quad [1]$$

Ou ajouter le degré de la cuisson 4,81 au degré de la chaux libre 11,57 ; multiplier le total par 40, premier terme, diviser ensuite le produit par 25, second terme constant, pour obtenir la résistance. Dans le cas présent, la résistance du ciment analysé, au bout d'un mois de l'emploi des mortiers, sera de 26 kilog. 0,80.

[1] Indication des signes :

N — Indices de la nature du ciment et du degré de la cuisson.

C″ — Indices de l'état de la chaux libre dans les poudres.

R — Indices de la résistance des ciments.

40 — Premier terme pour le calcul de la résistance.

25 — Deuxième terme   id.

TABLEAU DES RÉSISTANCES NORMALES PAR CENTIMÈTRES CARRÉS, A UN MOIS DE LA FABRICATION DES MORTIERS DE CIMENT PUR, D'APRÈS LES DEGRÉS DE LA CUISSON ET DE LA CHAUX PRODUITS PAR L'ANALYSE D'UN CIMENT BIEN FABRIQUÉ.

1er GROUPE, DE 30k416 à 39k632.			2e GROUPE, DE 30k272 à 29k488.			3e GROUPE, DE 10k144 à 19k360.			4e GROUPE, DE 0k452 à 9k216.		
N	C"	R	N	C"	R	N	C"	R	N	C"	R
6.60	12.40	30k416	4.40	8.27	20k272	2.20	4.14	10k144	0.10	0.18	0k452
6.80	12.78	31.296	4.60	8.65	21.200	2.40	4.51	11.056	0.20	0.38	0.928
7.00	13.16	32.256	4.80	9.02	22.112	2.60	4.89	11.584	0.40	0.75	1.122
7.20	13.54	33.104	5.00	9.40	23.040	2.80	5.26	12.896	0.60	1.13	2.768
7.40	13.91	34.096	5.20	9.78	23.978	3.00	5.64	13.824	0.80	1.50	3.680
7.60	14.29	35.000	5.40	10.15	24.720	3.20	6.02	14.752	1.00	1.88	4.608
7.80	14.64	35.840	5.60	10.53	25.808	3.40	6.38	15.664	1.20	2.25	5.500
8.00	15.04	36.864	5.80	10.90	26.720	3.60	6.77	16.552	1.40	2.63	6.448
8.20	15.41	37.776	6.00	11.28	27.648	3.80	7.14	17.504	1.60	3.08	7.448
8.40	15.79	38.704	6.20	11.65	28.560	4.00	7.52	18.432	1.80	3.38	8.288
8.60	16.17	39.632	6.40	12.03	29.488	4.20	7.90	19.360	2.00	3.76	9.216

Si, d'après la formule indiquée, on obtient d'une analyse pour degré de la cuisson 8,58 et pour degré de la chaux libre 13,20, en se portant au tableau ci-dessus, on voit que le degré de la cuisson 8,60, le plus rapproché de 8,58, a pour degré correspondant de la chaux libre 16,17, plus fort que 13,20. En conséquence, le ciment analysé appartient au troisième ou quatrième groupe de résistance, c'est-à-dire aux plus faibles.

Si, au contraire, on obtenait pour degré de cuisson 3,64 et pour degré de la chaux libre 7,51, comme le degré de la chaux libre correspondant à 3,60 est de 6,77 et celui de l'analyse 7,51, celui-ci étant plus fort que celui du tableau, le ciment analysé appartient par conséquent au deuxième ou troisième groupe des résistances.

Mais tous les ciments (de Portland, bien entendu), dont le degré de la cuisson et celui de la chaux libre approcheront, à quelques fractions près, ceux du tableau ci-dessus, on pourra considérer leurs résistances égales à celles portées au tableau.

La résistance des ciments romains est beaucoup plus variable que celle des ciments de Portland. C'est la quantité d'eau plus ou moins forte qu'ils absorbent qui est cause de cette variation, surtout lorsqu'ils sont de fraîche fabrication. Une autre cause contribue aussi à ces variations de résistance, c'est la facilité avec laquelle les ciments peu cuits absorbent l'air humide qui les décompose et leur enlève la plus grande partie de leur énergie. Toutefois, si on tient à obtenir leur résistance approximative, au premier mois de leur emploi, après les avoir analysés, on pourra employer les deux formules suivantes :

Pour les ciments dont la bouillie sera au-dessus de 100 :

$$\frac{N + C''}{2} = R$$

Pour les ciments dont la bouillie sera au-dessous de 100 :

$$\frac{N + C''}{4} = R$$

Ou ajouter le degré de la cuisson à celui de la chaux. On prendra la moitié pour les ciments dont la bouillie sera au-dessus de 100, et le quart pour les ciments dont la bouillie sera au-dessous de 100.

Les résistances les plus fortes que pourront obtenir les ciments romains bien fabriqués appartiendront aux deuxième et troisième groupes du tableau des résistances du ciment de Portland.

Malgré que la connaissance de la résistance de la pâte de chaux pure n'ait pas la même importance que celle des ciments, nous engageons toutefois les constructeurs à chercher à la connaître, pour qu'ils puissent préciser avec connaissance de cause la valeur du produit qu'ils se disposent d'employer. La résistance des meilleures chaux ne dépasse pas quatre kilogrammes par centimètre carré, au bout d'un mois de la fabrication des pâtes et exposées à l'air.

Pour déterminer la résistance des chaux hydrauliques, on se servira de la formule suivante :

$$2 \, C'' - N \times \frac{20}{100} = R$$

TABLEAU POUR RECONNAITRE LA RÉSISTANCE DES CIMENTS
DE PORTLAND A UN MOIS DE FABRICATION

GROUPES DE RÉSISTANCE	DEGRÉS DE LA	MINIMUM	MAXIMUM
Premier groupe de 25 à 35 kilos .	Cuisson. . .	5.40	10 15
	Chaux libre.	8.40	19.00
Deuxième groupe de 15 à 25 kilos.	Cuisson. . .	2.40	6.20
	Chaux libre.	5.40	12.00
Troisième groupe de 10 à 15 kilos.	Cuisson. . .	1 60	3.00
	Chaux libre.	2.20	6.50
Quatrième groupe de 0 à 10 kilos.	Cuisson. . .	0.00	1.50
	Chaux libre.	0.00	3.00

Ou doubler la somme de la chaux vive ou fusée, soustraire du total le degré de la cuisson, multiplier le reste par 20, premier terme constant, et diviser par 100, second terme, pour obtenir la résistance.

On obtient les degrés de la chaux vive ou fusée, comme on l'a déjà vu, en ajoutant à la somme de la bouillie celle de la bouillie séchée et celle du degré de cuisson et en divisant le total par 10, soit :

$$\frac{B + S + N}{10} = C''$$

Il ne faudrait pas cependant prendre nos formules pour infaillibles et croire que l'on arrivera toujours à connaître la résistance des ciments et des chaux à quelques centigrammes près ; ce serait ne pas se rendre un compte exact des difficultés sans nombre qui peuvent plus ou moins contribuer à fausser les calculs. Mais nous pouvons donner l'assurance que si l'on suit rigoureusement nos instructions relativement au gâchage des pâtes, surtout celle de la quantité d'eau requise, suivant le volume de la bouillie, que nous avons dit être moitié de ce volume, on sera surpris du résultat des opérations. Mais, pour plus d'assurance, surtout dans les cas de contestation, on devra avoir recours à notre petite machine d'essais à la traction, dont nous fournissons les détails plus loin.

TABLEAU COMPARATIF DES RÉSISTANCES DE CIMENT OBTENUES PAR DES DEGRÉS DE LA CHAUX LIBRE PROPORTIONNÉS ET D'AUTRES TROP FORTS OU TROP FAIBLES.

N	C″	D′	R	R′	N	C″	D′	R	R′.
			k.	k.				k.	k.
1.00	1.88	1.38⎰⎱2.30	4.608		6.00	11.28	10.78⎰⎱11.78	27.648	
				0.750					6.000
2.00	3.76	3.20⎰⎱4.36	9.216		7.00	13.16	12.66⎰⎱13.66	32.256	
				2.250					5.000
3.00	5.24	4.74⎰⎱5.74	13.824		8.00	15.04	14.54⎰⎱15.54	36.864	
				4.500					4.500
4.00	7.52	7.02⎰⎱8.02	18.432		9.00	16.92	16.50⎰⎱17.42	41.472	
				5.000					2.250
5.00	9.40	8.90⎰⎱9.90	23.040		10.00	18.80	18.30⎰⎱19.30	46.080	

N — Indice de la nature du ciment et de son degré de cuisson.

C″ — Indice des degrés proportionnés de la chaux libre contenue dans les poudres.

D′ — Indice de quelques degrés, trop forts ou trop faibles, de la chaux libre contenue dans les poudres, et ne devant produire aux calculs que des résistances nulles.

R — Indice des résistances produites par les degrés de la cuisson et ceux de la chaux libre à l'état normal.

R′ — Indice de résistances produites par des degrés trop forts ou trop faibles de la chaux libre.

Il est indispensable de bien étudier le tableau ci-dessus, pour se familiariser avec les principes de proportion du degré de la chaux libre et de celui de la cuisson des ciments. On peut voir que le degré de la chaux libre proportionné au degré de la cuisson 1,00 et de 1,88 est la résistance correspondante de 4 kilog. 608, malgré l'extrême faiblesse de la cuisson du ciment, tandis que le degré 1,38, qui est trop faible, et le degré 2,30, qui est trop fort, ont produit des résistances nulles.

On peut faire la même remarque dans les autres combinaisons de degrés. Ainsi, le degré de la chaux libre pour le degré 10,00 de la cuisson est de 18,80, et la résistance correspondante est de 46 kilog. 080 ; tandis que le degré 18,30, qui est trop faible, et le degré 19,30, qui est trop fort, ont une résistance correspondante nulle.

Il faut donc bien se pénétrer qu'il y a relation intime et concordance entre le degré de la chaux libre et celui de la cuisson, dont la proportion mesurée et progressive entre eux détermine la forte ou la faible somme de résistance des ciments, dont on pourra toujours obtenir la preuve matérielle au moyen de notre petite machine d'essai à la traction.

En résumé, un ciment qui n'est pas assez cuit ou qui est trop vieux fournira de faibles résistances, et, s'il est trop cuit, le plus souvent les résistances seront nulles. Ce sont les ciments cuits à point et ceux dont la relation des degrés de cuisson et de la chaux libre est proportionnée, qui produisent les résistances les plus fortes et d'une continuité pour ainsi dire sans limite. Les degrés correspondants de la cuisson et de la chaux libre de ces qualités de ciments sont de 8 à 8,50 pour les premiers, et de 15 à 15,50 pour la chaux libre. Au-dessus et au-dessous de ces deux proportions, les variations, plus ou moins disproportionnées, produisent des résistances plus ou moins fortes.

Donc le degré normal de la chaux devra être à celui de la cuisson comme 8 : 15. Lorsque le degré de la chaux de l'analyse est moins fort que le degré correspondant du tableau, le ciment appartient au troisième ou au quatrième groupe de résistance.

C'' de l'analyse, moins fort que C'' du tableau, appartient aux troisième et quatrième groupes.

C'' de l'analyse, plus fort que C'' du tableau, appartient aux deuxième et troisième groupes.

Formule pour constater la différence de la prise entre deux briquettes faites en ciment de Portland de fraîche fabrication, dont l'une sans agrégat et l'autre mélangée d'agrégat.

Cette différence de prise se constate de deux manières : la première au moyen de l'aiguille, et la deuxième en rompant les deux briquettes sitôt que celle sans agrégat a fait une prise assez forte pour supporter l'aiguille.

La briquette qui supportera le plus de poids à la résistance sera celle qui aura fait la prise la plus rapide. On déterminera la différence entre l'une et l'autre prises de chaque briquette, en opérant de la manière suivante :

On multipliera le total des minutes dépensées par la prise de la briquette sans agrégat par sa force respective à la résistance, et on divisera le produit par la résistance de la briquette mélangée d'agrégat ; le quotient représentera le temps de la prise de cette dernière briquette.

Exemple.

Longueur de la prise de la briquette sansa grégat... 60 minutes.
Résistance de la même briquette................. 4 kilog.
Résistance de la briquette avec agrégat............ 2 kilog.

Donc, pour que la briquette mélangée d'agrégat arrive au même degré de prise que la briquette sans agrégat, c'est-à-dire à une prise équivalente à 4 kilog. de résistance, il lui faudra 60 minutes de plus que celle sans agrégat.

$$\frac{60 \times 4}{2} = 120 \text{ minutes.}$$

Pour faciliter le plus possible les personnes qui se serviront de notre analyse et les mettre à même de se rendre un compte exact, aussitôt l'opération terminée, sur la nature et la qualité des ciments et des chaux, nous avons composé un tableau de groupes de résistances et une échelle analytique sur laquelle on pourra lire, au moyen des degrés obtenus par l'analyse, la nature, le degré de cuisson et l'état de la chaux libre des ciments expérimentés. Cette échelle est appelée à rendre les plus grands services pour la promptitude et l'exactitude des opérations.

Nous allons donner quelques exemples pour mieux en démontrer les effets et les avantages que l'on peut en retirer.

1er Exemple.

Ciments de Portland.

$$N = 8,00$$
$$C'' = 15,00$$

Si on se porte à l'échelle, on voit que le degré 8,00 représente le ciment de Portland cuit à point, et le degré 15,00 celui du groupe de la chaux vive. Ce ciment appartient au premier groupe de résistance, comme on peut le voir en se rapportant au tableau, puisque le degré 8,00 de la cuisson se trouve classé entre 5,50 et 10,00 du tableau, et que celui de la chaux libre, qui est 15,00, se trouve classé entre 10,34 et 20,00.

L'opérateur ne devra pas oublier l'opération suivante pour reconnaître si le ciment qu'il soumet à l'analyse est ou n'est pas du ciment de Portland ; c'est-à-dire s'il appartient au groupe classé au-dessus ou au-dessous de zéro de l'échelle analytique.

$$
\left.\begin{array}{l}
P = 120,00 \\
S = 100,00 \\
C = 60,00
\end{array}\right\} \frac{(S - C) \times P}{100} + C - S = N \ (8,00)
$$

$$
\begin{array}{r}
100,00 \\
-\ 60,00 \\
\hline
40,00 \\
\times\ 120,00 \\
\hline
80,000,00 \\
40,00 \\
\hline
480,000,00 \\
+\ 60,00 \\
\hline
108,00 = a \\
100,00 = S \\
\hline
8,00
\end{array}
$$

Si a était plus faible que S, le ciment analysé appartiendrait au groupe au-dessous de zéro, c'est-à-dire à la famille des ciments romains ou des chaux hydrauliques ; mais, comme il se trouve plus fort, il appartient au groupe au-dessus de zéro, c'est-à-dire au ciment de Portland.

Deuxième Exemple.

$$
\begin{array}{l}
N\ = 4,40 \\
C'' = 8,27
\end{array}
$$

En se portant à l'échelle, on voit que le degré 4,40 de la cuisson se trouve classé dans le groupe peu cuit, et le degré 8,27 de la chaux libre dans le groupe plus cuit. Mais si ce

8

n'était la chaux vive qu'il renferme, ce ciment se trouverait dans une très-bonne condition de fabrication, et malgré que sa résistance primitive ne soit pas aussi forte que celle du ciment précédent, sa phase de durcissement sera de beaucoup plus longue. Ce ciment appartient au deuxième groupe de résistance, car, en consultant le tableau, on peut voir que le degré 4,40 de la cuisson se trouve classé entre 3,25 et 5,40, et le degré 8,27 de la chaux libre entre 6,11 et 10,15.

Troisième Exemple.

$$N = 2,20$$
$$C'' = 4,14$$

En se portant à l'échelle, on voit que le degré 2,20 de la cuisson se trouve classé dans le groupe peu cuit, ainsi que le degré 4,14 de la chaux libre. Mais comme le degré C'' se trouve en proportion normale avec le degré N, ce ciment aura encore une bonne résistance qui atteindra au moins le maximum de son groupe et pourra même le dépasser. Ce ciment appartient au troisième groupe de résistance par la raison que le degré 2,20 de la cuisson se trouve classé au tableau entre 2,20 et 4,14, et que le degré 4,14 de la chaux libre se trouve classé entre 4,14 et 6,11.

Quatrième Exemple.

$$N = 1,40$$
$$C'' = 2,63$$

En se portant à l'échelle, on voit que les degrés 1,40 et 2,63 se trouvent classés dans le groupe de la chaux fusée ou éteinte. Ce ciment est aussi d'une très-faible cuisson et appartient par conséquent au quatrième groupe de résistance.

Prenons maintenant pour dernier exemple un ciment peu cuit, chargé de chaux vive :

$$N = 4,44$$
$$C'' = 11,46$$

En se portant à l'échelle, on voit que le degré 4,44 de la cuisson appartient au groupe peu cuit, et que le degré 11,46 de la chaux libre appartient au groupe de la chaux vive. En consultant le tableau des résistances, on verra que le signe C'' (11,46), n'est pas dans une proportion normale avec le

signe N (4,44); ce qui démontre que ce ciment contient une
forte quantité de chaux vive qui le rend impropre à toutes
sortes d'ouvrages, à moins d'une digestion de plusieurs
mois.

Nous pensons que ces quelques exemples seront suffisants
pour aider à l'intelligence des opérateurs peu familiers avec
les opérations de notre analyse.

Nous allons démontrer maintenant un moyen d'*analyse*
plus prompt et très-commode quand il s'agira d'expertiser
le produit d'un fournisseur déjà connu, et qu'on saura d'a-
vance si c'est du ciment de Portland, du ciment romain ou
de la chaux hynraulique que l'on reçoit. Dans les cas ordinaires, on opérera d'après l'instruction suivante :

*Ciments au-dessus de zéro de l'échelle analytique, dits ciments de
Portland.*

La *bouillie* qui dépasse 90,00 en volume appartient à un
ciment de fraîche fabrication ; celle qui dépasse 100,00 appartient aussi à un ciment fraîchement fabriqué, et plus ce
volume va en augmentant, plus le ciment est peu cuit et
chargé de chaux.

La résistance la meilleure des ciments de Portland est
produite par les bouillies dont le volume se trouve entre
65,00 et 75,00, c'est-à-dire entre le deuxième et le troisième
âge. Tous les ciments de premier âge contiennent une certaine quantité de chaux vive qui les rend impropres aux ouvrages d'enduits et autres, de faible épaisseur. Quand cette
quantité de chaux vive dépasse une certaine proportion, les
mortiers se fendillent et se désagrègent complétement, même
dans l'eau.

Poids normal des ciments livrés au commerce...... 115,00
Volume normal des résidus contenus dans les poudres. 35,00
Volume normal de la *masse active*................. 65,00

Avant d'arrêter la quantité de sable à introduire dans les
mortiers, on devra considérer, pour en tenir compte, le volume des résidus contenus dans les poudres, car il est incontestable que plus le volume des résidus est fort, plus on
doit réduire celui du sable à mettre dans les mortiers. Il est

de toute évidence, dans ce cas, que le consommateur se trouve lézé dans le prix du ciment, et qu'il se voit réduit à supporter une perte souvent considérable, causée par ce défaut de fabrication. Il est donc juste, dans cette circonstance, de réduire le prix du ciment ou de la chaux dans une proportion équivalente à la quantité des résidus trouvés dans les poudres, au-dessus du volume normal.

Ciments et chaux au-dessous de zéro, dits ciments romains et chaux hydrauliques.

La *bouillie* du ciment romain dont le volume dépasse celui de la masse active, appartient au ciment de fraîche fabrication. Ces ciments sont toujours très-prompts à la prise et acquièrent, presque instantanément, une forte résistance, s'ils ne sont pas détériorés par la trop grande quantité d'eau et de sable, lors de la fabrication des mortiers.

La bouillie dont le volume est au-dessous de celui de la masse active appartient à un ciment vieux ou avarié. Dans le premier cas, la prise est beaucoup plus lente que celle des ciments de fraîche fabrication, et la résistance beaucoup plus faible. Dans le second cas, si les ciments sont avariés, ils sont pour ainsi dire impropres à toute espèce d'ouvrage et ne doivent être employés que dans les mortiers destinés aux grosses maçonneries, et mélangés à la chaux hydraulique.

Les ciments de deuxième âge sont toujours préférables pour les ouvrages d'enduits à ceux du premier âge, ces derniers étant toujours sujets aux fendillements si on lisse ou polit la surface des emplois.

Poids normal des ciments livrés au commerce....... 75,000
Volume normal des résidus contenus dans les poudres. 20,000
Volume normal de la *masse active*.................. 80,000

La *bouillie* des chaux hydrauliques dont le volume est au-dessus de la *masse active* appartient aux chaux moins cuites, qui sont par conséquent les moins énergiques.

La *bouillie* dont le volume est au-dessous de la *masse ac-*

tive, appartient aux chaux plus cuites, et sont par conséquent les plus énergiques.

Poids normal des chaux livrées au commerce......... 55,000
Volume normal des résidus contenus dans les poudres.. 10,000
Volume normal de la *masse active*.................. 90,000

Détails sur la cuisson des ciments et des chaux hydrauliques d'après l'échelle analytique.

Le maximun de la cuisson des ciments à prise lente, dits de Portland, s'arrête au point de passage représenté par *zero*.

Le minimum du ciment à prise rapide, dit ciment romain, s'arrête à 20 degrés au-dessus de *zéro*, et celui de la chaux hydraulique s'arrête à 34 degrés, aussi au-dessous de *zéro*.

Le maximum de la cuisson du ciment de Portland s'arrête à 10 degrés au-dessus de *zéro* ; celui du ciment romain s'arrête au point *zéro*, et celui de la chaux hydraulique s'arrête à 20 degrés au-dessous de *zéro*.

Les ciments et les chaux hydrauliques qui sortent de ces limites rentrent dans la catégorie des ciments et des *chaux-limites*, et sont par conséquent des qualités inférieures.

Les ciments de Portland cuits à point sont classés entre les degrés 6 et 10 au-dessus de *zéro* ; soit le point 8 pour *terme normal*.

Les ciments romains cuits à point sont classés entre les degrés 6 et 10 au-dessous de *zéro* ; soit le point 8 pour *terme normal*.

Les chaux hydrauliques cuites à point sont classées entre les degrés 20 et 24 au-dessous de *zéro* ; soit le point 22 pour *terme normal*.

Zéro représente le point de *passage* des ciments surcuits aux ciments peu cuits, et *vice versa*. Ce point de *passage* se rencontre dans un ciment dont les éléments produits par la fabrication sont les suivants :

1° Volume de la poudre provenant de la *bouillie séchée*...... 68,00
2° Volume de la même poudre *comprimée*................... 55,00
3° Poids naturel du ciment livré au commerce............. 100,00

$$\frac{(68,00 - 55) \times 100,00}{100} + 55,00 - 68,00 = 0,00$$

Cette qualité de ciment n'appartient ni à la famille des ciments de Portland, ni à celle des ciments romains. C'est, selon l'expression de M. Vicat, un ciment-*limite* qui a peu de valeur.

ÉCHELLE ANALYTIQUE DES CIMENTS ET CHAUX HYDRAULIQUES.

Portland, cuit à point, 8,00....

10, 11, 12, 13, 14, 15, 16, 17, 18, 19 — Groupe en rapport avec la chaux libre vive.

9 — Plus cuit.
7 — Moins cuit.

Ciment de Port-Land. — $\dfrac{S+B+N}{10}=C''$

$$\frac{100,00 \times 60,00 \times 120,00}{100} + 60,00 - 100,00 = 8,00$$

Ciment Limite, 0,00........

1, 2, 3, 4, 5, 6 — Groupe en rapport avec la chaux libre, fusée ou éteinte.

1 — (Ciment Limite)

Ciment Romain. — $\dfrac{S+B\times N}{100}=C''$

$$\frac{69,00 \times 55,00 \times 100,00}{100} + 55,00 - 68,00 = 0,00$$

Romain, cuit à point, 8,00....

6, 5, 4, 3, 2, 1 — Groupe en rapport avec la chaux libre vive.

7 — Plus cuit.
9 — Moins cuit.

$\dfrac{S+B}{N}=C''$

$$\frac{100,00 \times 80,00 \times 60,00}{100} + 80,00 - 100,00 = 8,00$$

19, 18, 17, 16, 15, 14, 13, 12, 11, 10 — Groupe en rapport avec la chaux très-cuite, fusée ou éteinte.

Chaux et Ciment limite, 20,00..
Chaux, cuite à point, 22,00...

21 — Plus cuite.
23 — Moins cuite.

Chaux hydraulique. — $\dfrac{S+B+N}{10}=C''$

$$\frac{97,00 \times 47,00 \times 56,00}{100} + 47,00 - 97,00 = 22,00$$

34, 33, 32, 31, 30, 29, 28, 27, 26, 25, 24 — Groupe en rapport avec la chaux peu cuite ou éteinte.

Chaux non hydraulique.

Tous les ciments cuits à points peuvent devenir des ciments-*limites,* soit en vieillissant trop, soit en subissant des cas d'avaries.

La résistance à la traction du ciment de Portland cuit à point correspondante au signe N = 8,00 et au signe $C'' = 15,00$, est de 36 kilog. 865 par centimètre carré, au bout de trente jours de la fabrication des mortiers.

Comme un ciment cuit à point augmente de résistance avec le temps, au lieu de diminuer, le terme minimum de ce ciment sera donc de 37 kilogrammes.

1. — Ce même ciment mélangé d'une partie de sable pour une de poudre aura pour résistance....................... 30 kilog.
2. — Mélangé de deux parties de sable pour une de poudre. 24 —
3. — Id. trois id. id. 20 —
4. — Id. quatre id. id. 14 —
5. — Id. cinq id. id. 8 —
6. — Id. six id. id. 2 —

Au bout de six mois de fabrication, ces mêmes mortiers auront pour résistance :

Le numéro 1........................... 34 kilog.
— 2........................... 28 —
— 3........................... 24 —
— 4........................... 18 —
— 5........................... 12 —
— 6........................... 6 —

Nous avons négligé les fractions de poids, ce qui ne change rien au principe démontré ; mais nous devons dire que ces diverses résistances peuvent varier suivant que le sable qui aura servi à la fabrication des mortiers aura été employé plus ou moins pur et de qualité plus ou moins propice. On ne doit pas espérer non plus une augmentation de résistance proportionnelle à celle obtenue dans les premiers mois de la fabrication ; mais il suffit de ces quelques données pour bien établir la proportion du sable à mélanger aux mortiers, suivant la résistance que l'on désire obtenir.

Ainsi un ciment qui aura pour signe N = 8,00 et pour signe $C'' = 15,00$ ayant environ 37 kilog. de résistance, avec lequel on voudra fabriquer un mortier d'une résistance de 6 kilog. au bout de six mois de fabrication (résistance égale à la pierre tendre). Dans ce cas, on fera le mélange n° 6 de six parties de sable et d'une de ciment.

Mais si au lieu d'un ciment dont le signe $N = 8,00$ et le signe $C'' = 15,00$, on avait un ciment dont le signe $N = 4,00$ et le signe $C'' = 7,50$, pour obtenir la même résistance du mortier précédent, on devra y mélanger moitié moins de sable ; comme si le signe $N = 2,00$ et le signe $C'' = 3,70$, le mélange devrait être réduit à un quart.

Exemples.

Mortier fait avec un ciment dont le signe $N = 8,00$ et le signe C'' 15,00 pour une résistance de 6 kilog. au bout de six mois de fabrication

> 1,000 de ciment.
> 6,000 de sable.
> 0,720 d'eau.

Mortier fait avec un ciment dont le signe $N = 4,00$ et le signe $C'' — 7,50$, pour la même résistance que le précédent :

> 1,000 de ciment.
> 3,000 de sable.
> 0,560 d'eau.

Mortier fait avec un ciment dont le signe $N = 2,00$ et le signe C'' 3,70, pour la même résistance que le précédent :

> 1,000 de ciment.
> 1,500 de sable.
> 0,530 d'eau.

On voit, d'après ce qui précède, que le sable diminue proportionnellement, suivant que le signe N et le signe C'' s'écartent du degré 8 : 15.

Les ciments dont les signes N et C'' s'écarteraient de la proportion de 8 : 15 ne produiraient pas la même résistance avec le volume proportionné du sable.

Ainsi $N = 2,00$ et $C'' = 3,70$ sont dans la proportion comme 8 : 15. Mais si au lieu de 3,70 le signe de la cuisson $N = 2,00$ avait pour degré de chaux $C'' = 4,00$ ou plus fort ou plus faible, la quantité de la chaux n'étant pas proportionnée, la résistance se trouverait subir l'influence de ce défaut de proportion en plus ou en moins. Dans ce cas, il faudrait prendre la moyenne entre le résultat moins et le résultat plus porté au tableau.

Une autre remarque à faire et qui a aussi son importance, c'est que plus les degrés du signe N s'approchent de *zéro*, plus la résistance du ciment est faible. Ainsi un ciment dont le signe N aura 1,00 pour degré au-dessus de *zéro* sera quatre fois moins fort que le signe N ayant 3,80 pour degré, puisque ce dernier, mélangé de cinq parties de sable pour une de ciment, a la même résistance à 50 grammes près, comme on peut le voir sur le tableau.

Le ciment dont le signe N aura 1,60 pour degré sera la moitié moins fort que celui qui aura 2,00 et deux tiers moins fort que celui qui aura 2,400.

Le ciment dont le signe N aura 2,40 pour degré, sera moitié moins fort que celui qui aura 3,00 et deux tiers moins fort que celui qui aura 3,60.

Le ciment dont le signe N aura 4,80 pour degré, sera moitié moins fort que celui qui aura 6,00 et les deux tiers moins fort que celui qui aura 7,20.

Le ciment dont le signe N aura 6,40 pour degré sera moitié moins fort que celui qui aura 8,00.

Quoique ces calculs ne soient applicables qu'aux résistances dont les mortiers ont six mois de fabrication, en comparant ces divers ciments dans le premier mois de la fabrication du mortier, on pourra se faire une idée sur le mérite de nos appréciations et de nos calculs.

On doit bien se pénéter que tous les ciments dont le degré du signe N dépassera 8,00 sont chargés de chaux vive et que plus ce degré monte à l'échelle, plus la quantité de chaux vive est considérable. Ces sortes de ciments étant de qualités impropres quand ils dépassent 10 degrés réclament une digestion très-longue en magasin pour donner le temps à la chaux vive de se fuser. On devra donc considérer les ciments dont le signe N s'élèvera à 10,00 degrés comme étant des ciments impropres à l'emploi avant une longue digestion. Souvent aussi ces ciments sont mélangés d'une certaine quantité de chaux brûlée qui ne se dissout que très-difficilement, ce qui est toujours funeste à la bonne exécution des ouvrages.

On déduit de ce qui précède que si les ciments de Portland dont le degré du signe N se trouve au-dessous de 8,00, offrent une résistance moins forte que les ciments dont le signe N se trouve au-dessus de 8,00; si ces derniers offrent moins de sécurité quant aux effets de la chaux vive, les premiers étant dépourvus de chaux vive ou du moins la quantité qu'ils contiennent étant inoffensive, ils offrent par conséquent une bien plus grande sécurité pour les ouvrages à l'air.

Le mortier n° 1 doit être employé le plus spécialement aux dallages peu fatigués, à la construction des chappes pour terrasses et des conduites d'eau à forte pression.

Le mortier n° 2 devra être employé aux enduits verticaux.

Le mortier n° 3 devra être employé dans les grosses maçonneries et les gros bétons.

Quant aux mortiers n°s 4, 5 et 6, ils ne doivent être employés que pour la construction des massifs de forte épaisseur. Ces sortes de mortiers devront trouver une bonne application dans les fondations de toutes espèces, à condition toutefois que l'on observera rigoureusement les règles de la quantité d'eau qui leur convient pour ne pas compromettre la cohésion des emplois, quantité qui ne devra jamais dépasser la proportion de 70 pour 100 du ciment, malgré la forte quantité de sable qu'on lui aura mélangé.

L'emploi de ce mortier devra être fait par la compression et par couches assez minces. Notre avis est que toutes les fondations, même celles des monuments les plus considérables, devraient recevoir cette application, la seule, suivant nous, capable de garantir la stabilité des ouvrages.

Nous recommandons tout particulièrement de n'employer à la fabrication de ces sortes de mortiers que les ciments les plus forts mais dont le degré du signe N se trouvera entre 4,00 et 8,00. Au-dessus de 8,80, les ciments contenant toujours une forte quantité de chaux vive, le mortier serait susceptible de se désagréger et pourrait compromettre la solidité de l'emploi.

Lorsque les fabricants de ciments ont su que nous faisions rentrer dans nos éléments de calculs de notre *analyse,* le poids du ciment et des chaux, ils ont introduit dans les poudres des matières inertes, ils ont crû en agissant ainsi, qu'en forçant le poids, leurs produits seraient considérés en toutes circonstances comme étant de bonne qualité; c'est ainsi que nous avons trouvé 50 et 60 0/0 dans quelques ciments que nous avons analysés.

Une autre raison a forcé aussi les fabricants à augmenter le poids de leurs ciments, au moyen des matières inertes, par un faux blutage ou autres moyens et voici quelle était cette raison.

Pour livrer les ciments frais de fabrication à la consommation, sans leur faire subir une digestion que recommande toujours la prudence et les soins d'une bonne fabrication, plusieurs fabricants ont cru devoir y suppléer en mélangeant une quantité de chaux grasse à leurs ciments, sans s'apercevoir que ce mélange, qui dans certains cas et dans certaines mesures peut être salutaire, le plus souvent et lorsqu'il est fait sans discernement peut compromettre la bonne qualité de leurs produits et exposer les consommateurs à de grands embarras et de grandes pertes; mais là n'est pas toujours le souci des fabricants, leur but est de garder le moins possible les ciments frais dans leurs magasins et de les écouler à mesure des commandes.

Mais en introduisant de la chaux grasse dans leurs ciments ils en diminuent par conséquent le poids, et comme le poids commercial du ciment de Portland est connu il faut bien le maintenir par quelque moyen pour ne pas s'exposer à la non réception des produits par le consommateur.

C'est pourquoi on supplée à la diminution du poids des ciments mélangés de chaux grasse, en augmentant le volume des résidus.

Il s'ensuit qu'un ciment mélangé de chaux grasse, a ce double défaut de contenir un volume de résidus excessif qui diminue d'autant la masse active.

Le meilleur moyen de se préserver contre ces abus funestes de fraude dans la fabrication, c'est de refuser tout ciment ou toute chaux dont le maximum du volume des résidus, dépassera celui que contient une fabrication *normale,* qui est de 35 0/0 pour les ciments de Portland, de 20 0/0 pour les ciments romains et de 10 0/0 pour les chaux.

TABLEAU INDIQUANT LA QUANTITÉ DE SABLE A MÉLANGER AUX CIMENTS DE PORTLAND

Pour obtenir une résistance déterminée, en connaissant la valeur des signes N et C'' trouvés au moyen de notre analyse.

Valeur du signe N	Valeur du signe C''	MORTIER No 1 Sable	Ciment	Résistance	MORTIER No 2 Sable	Ciment	Résistance	MORTIER No 3 Sable	Ciment	Résistance	MORTIER No 4 Sable	Ciment	Résistance	MORTIER No 5 Sable	Ciment	Résistance	MORTIER No 6 Sable	Ciment	Résistance	OBSERVATIONS
		100	100	k.	200	100	k.	300	100	k.	400	100	k.	500	100	k.	600	100	k.	
1.00	1.88	100	100	3.750	200	100	3.000	300	100	2.500	400	100	1.750	500	100	1.000	600	100	0.250	Ce tableau comprend les ciments de Portland dont le degré du signe N de la cuisson se trouve entre 1.00 et 4.00.
1.20	2.25	»	»	4.500	»	»	3.600	»	»	3.000	»	»	2.100	»	»	1.200	»	»	0.300	
1.40	2.63	»	»	5.250	»	»	4.200	»	»	3.500	»	»	2.450	»	»	1.400	»	»	0.350	
1.60	3.08	»	»	6.000	»	»	4.800	»	»	4.000	»	»	2.800	»	»	1.600	»	»	0.400	
1.80	3.38	»	»	6.750	»	»	5.400	»	»	4.500	»	»	3.150	»	»	1.800	»	»	0.450	Ces sortes de ciments sont de ceux qui offrent le moins de résistance à la traction, mais ils sont aussi les moins dangereux quant aux effets de la *chaux vive*, et peuvent être employés aux ouvrages à l'air sans agrégat avec une certaine sécurité.
2.00	3.76	»	»	7.500	»	»	6.000	»	»	5.000	»	»	3.500	»	»	2.000	»	»	0.500	
2.20	4.14	»	»	8.250	»	»	6.600	»	»	5.500	»	»	3.850	»	»	2.200	»	»	0.550	
2.40	4.51	»	»	9.000	»	»	7.200	»	»	6.000	»	»	4.200	»	»	2.400	»	»	0.600	
2.60	4.89	»	»	9.750	»	»	7.800	»	»	6.500	»	»	4.550	»	»	2.600	»	»	0.650	
2.80	5.26	»	»	10.500	»	»	8.400	»	»	7.000	»	»	4.900	»	»	2.800	»	»	0.700	
3.00	5.64	»	»	11.250	»	»	9.000	»	»	7.500	»	»	5.250	»	»	3.000	»	»	0.750	
3.20	6.02	»	»	12.000	»	»	9.600	»	»	8.000	»	»	5.600	»	»	3.200	»	»	0.800	
3.40	6.38	»	»	12.750	»	»	10.200	»	»	8.500	»	»	5.950	»	»	3.400	»	»	0.850	
3.60	6.77	»	»	13.250	»	»	10.800	»	»	9.000	»	»	6.175	»	»	3.600	»	»	0.900	

ciments dont le degré du signe N de la cuisson se trouve entre 4.00 et 8.00.

Ces sortes de ciments sont de ceux qui offrent la plus forte somme de résistance dans les premiers temps de leur emploi, mais ils sont aussi les plus dangereux pour les effets de la *chaux vive* qu'ils contiennent tous en plus ou moins grande quantité.

4.00	7.52	15.000	»	»	12.000	»	»	10.000	»	7.000	»	»	4.000	»	»	1.000	»
4.20	7.90	15.750	»	»	12.600	»	»	10.500	»	7.325	»	»	4.200	»	»	1.050	»
4.40	8.27	16.500	»	»	13.200	»	»	11.000	»	7.700	»	»	4.400	»	»	1.100	»
4.60	8.65	17.250	»	»	13.800	»	»	11.500	»	8.050	»	»	4.600	»	»	1.150	»
4.80	9.02	18.000	»	»	14.400	»	»	12.000	»	8.400	»	»	4.800	»	»	1.200	»
5.00	9.40	18.750	»	»	15.000	»	»	12.500	»	8.750	»	»	5.000	»	»	1.250	»
5.20	9.78	19.500	»	»	15.600	»	»	13.000	»	9.100	»	»	5.200	»	»	1.300	»
5.40	10.15	20.250	»	»	16.200	»	»	13.500	»	9.450	»	»	5.400	»	»	1.350	»
5.60	10.53	21.000	»	»	16.800	»	»	14.000	»	9.800	»	»	5.600	»	»	1.400	»
5.80	10.90	21.750	»	»	17.400	»	»	14.500	»	10.150	»	»	5.800	»	»	1.450	»
6.00	11.28	22.500	»	»	18.000	»	»	15.000	»	10.500	»	»	6.000	»	»	1.500	»
6.20	11.65	23.250	»	»	18.600	»	»	15.500	»	10.850	»	»	6.200	»	»	1.550	»
6.40	12.03	24.000	»	»	19.200	»	»	16.000	»	11.200	»	»	6.400	»	»	1.600	»
6.60	12.41	24.750	»	»	19.800	»	»	16.500	»	11.550	»	»	6.600	»	»	1.650	»
6.80	12.78	25.500	»	»	20.400	»	»	17.000	»	11.900	»	»	6.800	»	»	1.700	»
7.00	13.16	26.250	»	»	21.000	»	»	17.500	»	12.250	»	»	7.000	»	»	1.750	»
7.20	13.54	27.000	»	»	21.600	»	»	18.000	»	12.600	»	»	7.200	»	»	1.800	»
7.40	13.91	27.750	»	»	22.200	»	»	18.500	»	12.950	»	»	7.400	»	»	1.850	»
7.60	14.29	28.500	»	»	22.800	»	»	19.000	»	13.325	»	»	7.600	»	»	1.900	»
7.80	14.64	29.250	»	»	23.400	»	»	19.500	»	13.650	»	»	7.800	»	»	1.950	»
8.00	15.04	30.000	»	»	24.000	»	»	20.000	»	14.000	»	»	8.000	»	»	2.000	»

Cependant, si, dans quelques circonstances, on voulait analyser un produit dont le volume des *résidus* dépasserait le terme *normal* assigné, on opérerait de la manière suivante.

Supposons que le ciment à analyser soit du ciment de Portland, et que son poids soit de 137, et le volume des *résidus* 51,70, ce que nous avons trouvé pour un ciment fourni par une des plus fortes maisons des contrées de Boulogne.

Le volume du ciment analysé étant de...................... 100,00
Celui des *résidus* trouvés dans les mêmes ciments étant de..... 51,70

Il reste pour la *masse active*............ 48,30

Comme le volume des *résidus* d'un ciment de Portland convenablement fabriqué ne doit être que de.......................... 35,00
Et celui de la *masse active* de........... 65,00

il résulte que le ciment analysé est réfutable sur ces deux premiers points.

Mais il reste encore à connaître l'état de la *cuisson* du ciment et l'état de la *chaux libre* qu'il contient et qu'on ne peut calculer au moyen du faux poids et du faux volume de la *masse active*; il faut donc, pour arriver à la vérité et reconnaître les véritables qualités de ce ciment, rétablir les éléments de calculs en opérant de la manière suivante.

On passera a un tamis de soie très-fin, cent parties de ciment, que l'on pèsera avec soin pour établir le poids de la poudre du ciment sans résidus que nous trouvons être pour celui-ci de 82,00.

Poids du ciment analysé............................... 137,00
Volume du *résidu*...................................... 51,70
Masse active.. 48,30
48,30 $\times$ 82,00 = 39,60............................... 39,60
Poids des *résidus* :
137,00 $\times$ 51,70 = 97,40............................. 97,40

Ciments rectifiés.

Volume normal de la masse active...................... 65,00
Poids de la *masse active* :
65,00 $\times$ 82,00 = 53,30............................. 53,30
Volume normal des *résidus*........................... 35,00
Poids des mêmes résidus :
137,00 $\times$ 35,00 = 65,90........................... 65,90

Poids du ciment rectifié :

65,90 + 53,30 = 119,10..................................... 119,10

Bouillie molle rectifiée :

48,30 : 124,00 :: 65,00 : x = 166,87...... 166,87

Bouillie séchée rectifiée :

48,30 : 70,00 :: 65,00 : x = 94,27..................... 94,20

Poudres *comprimées* rectifiées :

48,30 : 50,00 :: 65,00 : x = 67,28..................... 67,28

Compression pour 100................................ 28,57

T — 30 — 0,00.

T — 50 rectifié :

50,70 : 15,20 :: 35,00 : x = 10, 28................ 10,28

T, 80 rectifié :

51,70 : 5,00 :: 35,00 : x = 3,38..................... 3,38

T, 100 rectifié :

51,70 : 31,50 :: 35,00 : x = 21,34................... 21,34

Total des résidus rectifiés... 35,00

Eléments produits par l'analyse (rectifiés)

V	= 100,00		V	=	100,00
P	= 137,00		P	=	119,10
D	= 51,20		D		35,00
A	= 48,30		A		65,00
B	= 124,00		B		166,87
S	= 70,00		S		94,20
C	= 50,00		C		67,28
C'	= 28,57		C'		28,57
T	= 20,20		T		13,66

Calcul du ciment analysé.

$$\frac{B + S}{2} = A' = 97,00. \text{ Premier âge.}$$

$$\frac{S - C \times P}{100} + C - S = N = 7,40. \text{ Très-bonne cuisson.}$$

$$\frac{(A + C') \times (C + T) \times N}{100} + (A + C') \times (C + T) = F = 9280,96. \quad \Big\} \text{1re fabrication}$$

$$\frac{S + B \times N}{100} = C'' = 14,36. \text{ Surcroît de chaux vive.}$$

Calcul du ciment rectifié.

$$\frac{B + S}{2} = A' = 130,10. \text{ Premier âge. Abondance de chaux.}$$

$$\frac{S - C \times P}{100} + C - S = N = 5,14. \text{ Assez bonne cuisson.}$$

$$\frac{(A + C') \times (C + T) \times N}{100} + (A + C') \times (C + T) = F. \text{ 2}^e \text{ fabrication.}$$

$$\frac{S + B \times N}{10} = C'' = 13,42. \text{ Chaux vive en grande quantité.}$$

Voici qu'elle est la proportion de la chaux libre, que l'on doit trouver dans les ciments, eu égard aux degrés de la cuisson.

$$\begin{array}{l} N = 5,14 \\ C'' = 13.42 \end{array} \left\{ \; 8 \; \vdots \; 15 \; \vdots\vdots \; 5,14 \; \vdots \; x = \; 9,63. \text{ Terme normal.} \right.$$

Produit de l'analyse.... 13,42
_____

Quantité en trop....... 3,79
_____

On doit comprendre maintenant toute l'importance que l'on doit attacher à bien connaître le véritable poids des ciments et des chaux, puisque avec le poids, on détermine les dégrés de la cuisson et qu'avec les degrés de la cuisson, on détermine celui de la manutention et de l'état de la chaux libre contenue dans les ciments.

TABLEAU DES RÉSISTANCES DE CIMENTS DE PORTLAND PRÉDITES PAR L'ANALYSE AU BOUT DE 30 JOURS DE FABRICATION, ET JUSTIFIÉS A LA RUPTURE, AU MOYEN DE LA MACHINE D'ESSAIS A LA TRACTION.

CIMENTS ANALYSÉS.	DATE de L'ANALYSE.	DEGRÉS de la CUISSON.	DEGRÉS de la CHAUX.	GROUPES de résistance correspondant aux signes N et C″		RÉSISTANCES obtenues à la machines.	ÉTAT DE LA CUISSON DES CIMENTS:
Daylesfort (Anglais).	20 février 1875.	6.12	10.52	25 à 35 k		28k000	Assez bien cuit.
Darcy.	20 février »	9.20	16.37	25	35	38 240	Très-cuit.
Demarle.	22 février »	2.34	4.05	10	15	12 950	Très-peu cuit.
Johnson (Anglais).	2 avril »	8.40	15.58	25	35	37 360	Cuit à point.
Darcy.	20 avril »	8.88	15.08	25	35	25 700	Cuit à point.
Demarle.	13 mai »	6.93	14.62	25	35	26 500	Un peu faiblement cuit.
Demarle.	21 mai »	1.08	2.08	0	10	8 500	Très-peu cuit.
Vicat.	30 mai »	8.70	14.87	25	35	37 632	Cuit à point.
Johnson (Anglais).	1er juin »	9.66	19.45	25	35	35 500	Très-cuit.
Famchon.	13 juillet »	3.64	7.51	15	25	18 490	Faiblement cuit.
Darcy.	9 juillet »	8.58	13.29	25	35	6 500	Faiblement cuit, ou mélangé de chaux.
Franchon.	14 août »	5.72	12.70	15	25	13 450	Mélangé de beaucoup de chaux.
Lobereau.	15 août »	2.40	4.46	10	15	13 130	Faiblement cuit.
Johnson (Anglais).	1er sept. »	7.70	10.34	25	35	31 700	Assez cuit.
Famchon.	3 sept. »	1.02	1.88	0	10	9 170	Très-peu cuit.
Lobereau.	15 sept. »	2.88	5.35	10	15	10 600	Très-peu cuit.
Demarle.	12 nov. »	3.70	5.80	10	15	14 410	Faiblement cuit.
Johnson (Anglais).	19 nov. »	4.04	7.41	25	35	26 800	Un peu faiblement cuit.'
Demarle.	9 déc. »	3.60	5.76	15	25	15 200	Faiblement cuit.
Johnson (Anglais).	20 déc. »	1.79	2.86	0	10	10 750	Mélangé de beaucoup de chaux.
Vicat.	5 mai 1876.	5.33	9.54	25	35	27 850	Un peu faiblement cuit.

CIMENTS A PRISE LENTE DITS CIMENTS DE PORTLAND, ANGLAIS ET DE BOULOGNE

Appartenant aux quatre groupes de résistance analysés et essayés à l'effort de la traction au bout de 30 jours de fabrication.

PREMIER GROUPE 25 à 35 kil.

Nos des Briquettes	DATES DES ÉPREUVES	Volume de la masse active	Volume des Bouillies	Degrés des signes N	Degrés des signes C″	Résistance k.
543	6 Juillet 1875	59.60	73.00	9.66	18.45	26.781
570	20 Juillet —	54.70	64.00	8.40	14.18	31.845
585	29 Juillet —	65.50	66.00	7.56	13.00	34.164
660	31 Août —	70.75	118.00	3.64	7.51	31.890
733	2 Octobre —	52.40	60.00	7.70	10.01	31.700
779	25 Octobre —	63.70	106.00	2.88	6.05	28.020
796	5 Novembre —	71.50	100.00	1.02	1.88	32.600
798	8 Novembre —	71.50	100.00	1.02	1.88	31.200
837	20 Décembre —	63.60	76.00	4.04	7.11	26.826
902	29 Février 1876	70.20	72.00	3.04	4.92	39.690
930	10 Avril —	67.00	76.00	1.90	3.34	26.570

DEUXIÈME GROUPE 15 à 25 kil.

Nos des Briquettes	DATES DES ÉPREUVES	Volume de la masse active	Volume des Bouillies	Degrés des signes N	Degrés des signes C″	Résistance k.
589	3 Août 1875	65.50	66.00	7.56	13.00	22.500
615	14 Août —	70.75	118.00	3.64	7.51	18.190
698	12 Octobre —	50.80	65.00	4.20	6.27	19.620
724	29 Septembre —	66.40	134.00	4.76	10.95	18.380
754	11 Octobre —	50.80	65.10	4.20	6.27	18.860
765	19 Septembre —	56.60	68.00	7.35	11.40	23.070
829	18 Décembre —	63.75	67.00	3.70	5.80	22.500
836	20 Décembre —	58.90	76.00	7.60	13.68	16.580
850	23 Décembre —	43.50	60.00	6.08	9.12	18.450
892	10 Février 1876	53.10	79.00	6.90	12.48	16.433
1012	10 Juin —	66.60	74.00	5.33	9.54	24.950

TROISIÈME GROUPE 10 à 15 kil.

Nos des Briquettes	DATES DES ÉPREUVES	Volume de la masse active	Volume des Bouillies	Degrés des signes N	C″	Résistance k.
697	12 Octobre 1875	50.80	65.00	4.20	6.27	13.260
708	16 Septembre —	76.50	110.00	2.88	5.76	13.450
709	17 Septembre —	64.60	76.00	2.40	4.46	13.130
734	13 Octobre —	61.10	77.00	2.56	4.27	13.620
753	11 Octobre —	50.80	65.00	4.20	6.27	11.100
760	15 Octobre —	64.60	72.30	2.88	5.35	10.600
772	4 Septembre —	66.40	134.00	4.76	10.95	10.520
827	12 Décembre —	53.20	68.00	3.60	5.76	14.410
877	17 Janvier 1876	71.90	80.00	1.79	2.86	10.750
1050	27 Juin —	58.30	168.00	4.44	11.46	11.250
1107	20 Juillet —	58.00	96.00	6.67	12.27	14.80
708	14 Septembre 1875	65.50	102.00	5.72	12.70	13.450
736	2 Octobre —	71.50	100.00	1.02	1.88	12.420
760	15 Octobre —	64.60	72.00	2.88	5.35	10.600

QUATRIÈME GROUPE 0 à 10 kil.

Nos des Briquettes	DATES DES ÉPREUNES	Volume de la masse active	Volume des Bouillies	Degrés des signes N	C″	Résistance k.
696	12 Octobre 1875	56.60	58.00	3.80	5.07	6.500
710	17 Septembre —	50.80	65.00	4.20	6.27	8.040
712	18 Septembre —	63.70	106.00	2.88	6.05	7.750
721	24 Septembre —	66.40	134.00	4.76	10.95	7.940
723	26 Septembre —	71.50	100.00	1.02	1.88	8.650
728	29 Septembre —	64.60	72.00	2.88	5.35	7.420
740	2 Décembre —	63.70	106.00	2.88	6.05	8.100
816	1 Décembre —	43.50	60.00	6.08	9.12	7.450
947	20 Avril 1876	58.30	168.00	4.44	11.46	5.350
1053	28 Juin —	70.20	72.00	3.04	4.92	6.600
613	9 Août 1875	50.40	65.00	8.58	13.20	6.500
598	6 Août —	53.40	68.00	4.20	6.05	2.230
610	6 Août —	64.60	76.00	2.40	4.46	4.720
583	29 Juillet —	53.40	68.00	4.20	6.05	4.333

Nous devons quelques explications sur les tableaux qui précèdent au sujet des signes N dont les degrés ne paraissent pas se rapporter à la résistance qu'ils assignent dans les divers groupes.

Ainsi, par exemple, dans le quatrième groupe, on voit un signe N = 4,20 ne produire que 8 kilog. 0,40 de résistance, tandis que le signe N = 1,02 produit une résistance de 8 kilog. 650. Pourquoi cette anomalie?

Nous avons déjà dit que pour que le ciment ait une résistance normale, il fallait que les degrés du signe C″, correspondant aux degrés du signe N, eussent aussi une proportion normale. Or, le degré normal du signe C″ correspondant au degré du signe N = 4,20 est de 7,90, tandis que celui porté au quatrième groupe du tableau n'est que de 6,27, c'est-à-dire 1,64 de moins. Ce manque de proportion est la cause du moins de résistance du ciment.

Si nous passons maintenant au troisième groupe de résistance, nous voyons que le signe N = 3,69 et le signe C″ = 5,76 produisent une résistance de 14 kilog. 410, tandis que le signe N = 4,70 et le signe C″ = 10,95 ne produisent que 10 kilog. 520. Pourquoi cette différence? Nous répondrons que la raison est la même que pour les signes précédents.

Le degré normal du signe C″ correspondant au signe N = 3,60 est de 6,77; donc 5,76 étant plus faible doit produire une plus faible résistance que si le signe C″ était de 6,77, et une résistance plus forte que le signe N = 4,76 et le signe C″ = 10,95, par la même raison que le degré normal du signe C″ correspondant au signe N = 4,76, est de 9,00, c'est-à-dire 1,95 de moins que 10,95.

D'après ce qui précède, il faut conclure que les différences en plus sont plus préjudiciables aux résistances des ciments que les différences en moins; car le signe N = 3,60 et le signe C″ = 6,77 produisent une résistance de 16 kilog. 552, et le signe N = 3,60 et le signe C″ = 5,76 une résistance de 14 kilog. 410, c'est-à-dire une différence en moins de 2 kilog. 142, tandis que le signe N = 4,76 et le signe C″ = 9,00 produisent une résistance de 22 kilog., et que le signe N = 4,76 et le signe C″ = 10,95 ne produisent que

10 kilog. 520, c'est-à-dire 11 kilog. 480 de moins. Donc, la différence en plus du degré normal du signe C'' est plus préjudiciable à la résistance que la différence en moins.

Règle générale. — Il faut, pour que le ciment produise de fortes résistances que la proportion des degrés du signe C'' soit au degrés du signe N comme *huit est à quinze*. Voilà pourquoi on peut voir dans le tableau des groupes de résistances qui précède, et dans le premier groupe, un degré $N = 1,02$ et un degré $C'' = 1,88$ produire une résistance de 32 kilog. 600. Ce ciment est faiblement cuit, et, malgré la bonne proportion de chaux vive qu'il contient, ne maintiendra pas sa résistance primitive. En général, les ciments qui produisent les résistances les plus correctes et les plus fortes ont pour degré du signe N et du signe C'', ceux portés au tableau des résistances normales dans le premier et le deuxième groupes.

On voit, d'après ce que nous venons de démontrer, que les ciments d'une résistance continue sont ceux qui sont les plus cuits et dont les degrés du signe N se trouvent entre 4,00 et 8,00 au-dessus de zéro de l'échelle analytique, et les degrés du signe C'' entre 7,50 et 15,00 toujours dans la proportion de *huit est à quinze*.

Au risque de nous répéter, nous avons voulu démontrer encore une fois toute l'importance qu'il faut attacher à l'emploi des ciments convenablemeut cuits, car si les ciments peu cuits produisent de fortes résistances dans les premiers jours de la fabrication des mortiers, ces résistances n'ont pas de continuité. Les mortiers faits avec ces sortes de ciments sont tout à fait impropres pour les ouvrages exposés au soleil ou dans des lieux assujettis à de fortes températures ; tandis que les ciments cuits à point ne craignent ni le soleil ni les lieux fortement chauffés et deviennent excessivement durs à l'humidité.

Il faut aussi ne pas perdre de vue que l'on peut faire varier la résistance des ciments également cuits par la plus ou moins forte quantité d'eau employée au gâchage. La quantité d'eau normale que l'on doit mettre dans les mortiers, nous l'avons déjà dit, est égale au demi volume de la *bouillie* produite par l'*analyse*. Il ne faut donc pas s'étonner de voir des ciments qui ont pour le signe N et le signe C″ les mêmes degrés et qui ne produisent pas la même somme de résistance : la raison est que l'un aura reçu plus d'eau que l'autre.

CHAPITRE V.

Son application, sa qualité et son utilité.

———

§ I.

Considérations générales.

Toutes les personnes qui se livrent à la construction connaissent aujourd'hui les graves inconvénients qui existent dans l'emploi des ciments de fraîche fabrication; nous n'avons pas manqué d'ailleurs d'en signaler les dangereux effets dans le corps de notre ouvrage toutes les fois que l'occasion s'en est présentée.

Nous avons dit aussi que les ciments romains, c'est-à-dire les ciments peu cuits pouvaient en certains cas rendre quelques services, à cause de leur prise rapide, lorsque par exemple il s'agit d'exécuter des ouvrages contre l'humidité ou les infiltrations, mais, dans tout autre cas, une prise trop rapide, nécessitant toujours une grande quantité d'eau, au gâchage, de manière à obtenir un temps de prise convenable pour en faciliter l'emploi, diminue considérablement la force du ciment qu'elle place, quant au durcissement, au-dessous de certaines chaux hydrauliques.

Mais, ce qui n'est qu'un inconvénient pour les ciments romains, la prise rapide, devient un défaut capital pour les ciments de Porland, car la nature toute exceptionnelle de sa fabrication, de sa cuisson surtout, laisse dans les poudres, comme nous l'avons déjà dit, des molécules irrégulièrement chauffées qui contiennent encore une quantité d'acide carbonique qui les empêche de se combiner avec les autres éléments pour former dans les emplois un tout homogène.

Si, au contraire, la prise était assez lente pour permettre aux parties des poudres les plus fortement chauffées de se dissoudre avant la prise des emplois et se combiner avec les molécules les moins cuites déjà fondues, les emplois seraient préservés des effets de réaction qui les détruisent malgré tous les soins et les règles d'une bonne exécution.

Si la prise rapide des ciments de Porland, dits *ciments à prise lente,* est un contre-sens dans toute l'acception du mot, ce défaut peut au moins se modifier en laissant vieillir les ciments et en les exposant à l'air pendant quelques mois ; il n'en est pas de même des autres défauts dont tous les ciments sont plus ou moins tributaires ; les molécules irrégulièrement cuites, surtout celles chargées de chaux vive que le temps ne saurait modifier, du moins que très-difficilement, restent toujours, malgré et contre tout, dans les poudres comme les vers rongeurs dans le bois ; elles seront pendant longtemps la cause de la ruine des ouvrages. N'a-t-on pas vu souvent des ouvrages périr par le fait de la chaux vive au bout même de quelques années de leur exécution.

M. Minard, ingénieur en chef des ponts-et-chaussées, dans sa notice (1827) sur la découverte d'une substance pouzzolanique, s'exprimait comme il suit sur cette question.

« Il paraît, d'ailleurs, que l'action moléculaire des bétons de grès pouzzolanique ou leur combinaison complète avec la chaux ne s'achève qu'au bout d'un temps très-long.

Plusieurs de mes échantillons n'ont éprouvé qu'après onze mois d'immersion cette dilatation qui souvent rompt les verres contenant les bétons. L'un d'eux ne s'est dilaté qu'au bout de vingt-trois mois et un autre au bout de deux ans ; si la dissolution de la chaux a lieu jusqu'à cette époque, on conçoit l'altération qui peut en résulter dans la compacité des bétons.

M. Ratteneau, de Lille, aussi ingénieur en chef des ponts-et-chaussées, annotait la déclaration précédente de M. Minard, de la manière suivante :

« Cette déclaration est un fait qu'il serait extrêmement important de vérifier ; si elle était constante ou même seulement accidentelle sans qu'on pût préciser et écarter les causes qui la produisent, elle rendrait l'emploi du béton si dangereux qu'il faudrait souvent y renoncer ; c'est un gonflement semblable du mortier, plus ou moins longtemps après son emploi dans la maçonnerie, qui a causé en Belgique la détérioration et même la destruction des ouvrages et notamment celle des importantes fortifications construites à Ostende par les Hollandais, de 1815 à 1820 ».

Tout ce que nous venons de signaler a de tout temps préoccupé l'esprit des constructeurs sur la recherche d'un agent pouvant être introduit mécaniquement dans les mortiers pour en ralentir la prise et modifier les effets de leur durcissement ; c'est à cette question importante que nous avons dépensé de longues années de travail et d'expériences infinies qui nous ont conduites à la découverte de notre *agrégat* dont le mérite principal est de retarder la prise des mortiers et d'augmenter d'une manière notable leur résistance.

Tout fabricant ou applicateur de ciment ou de chaux, devra posséder notre *analyse* pour constater les défauts de la fabrication et introduire notre *agrégat* pour y apporter le remède, c'est le seul moyen qu'ils puissent employer pour se garantir contre les pertes et les mauvais travaux.

L'emploi de notre *agrégat* est d'une extrême simplicité, il ne s'agit que de faire la première opération de l'analyse, c'est-à-dire chercher le volume de la *bouillie*, et la quantité correspondante à la *bouillie* gravée sur l'éprouvette sera celle de l'*agrégat* à mélanger aux poudres avant le gâchage.

EXEMPLE :

On mesure 100 centilitres de ciment, que l'on lave dans une bouteille et que l'on décante dans l'éprouvette graduée, comme si on voulait en faire l'*analyse*, et lorque la *bouillie* est reposée, on lit sur l'éprouvette la quantité d'agrégat correspondant à son volume.

Lorsque la *bouillie* s'arrêtera entre les degrés 60 et **75**, la quantité d'*agrégat* à mélanger aux poudres sera de 5 0/0.

Entre 75 et 90.	10 0/0
Entre 95 et 105.	15 0/0
Entre 105 et 120.	20 0/0
Entre 120 et 135.	25 0/0
Entre 135 et 150.	30 0/0

On voit d'après cet exemple qu'il est très facile de se rendre compte de la quantité d'*agrégat* à mélanger aux ciments chargés de chaux vive.

Voici maintenant les avantages que l'on peut retirer dans l'emploi de notre *agregat :*

1º Pour les dallages et enduits exécutés sous de fortes températunes, à l'ombre ou au soleil, plus de soulèvements, fentes ni gerçures.

2º Plus de prise rapide contraire à la manipulation des pâtes, qui empêchent la perfection du lissage et le fini des emplois.

3º Pour les maçonneries de briques où autres matériaux absorbants et pour les rejointoyements, plus de nécessité d'arrosage, soins dont la négligence de l'ouvrier ne pourra plus compromettre le succès des ouvrages.

4º Pour les ciments à prise lente, comme pour ceux à prise rapide, diminution notable du volume d'eau employé au gâchage, et par conséquent augmentation de la résistance des gangues, toujours réduites par la trop grande quantité d'eau employée dans les mortiers.

5º Dans certains cas, il pourra rendre une partie de la vigueur perdue aux ciments vieux ou avariés, en les mélangeant avec une certaine quantité de chaux fusée ; mais un des principaux mérites de cet *agent* se fera apprécier dans la fabrication des *pierres artificielles* dont nous nous occuperons plus loin.

En résumé, l'*agrégat* que nous avons fait *breveter,* peut être considéré comme une découverte des plus utiles à l'emploi des ciments et des chaux ; on pourra se pénétrer de la valeur de notre assertion en consultant le tableau comparatif des résistances obtenues sur ces divers produits par son emploi.

Donc notre *agrégat* a pour effet :

1° De dissoudre la *chaux vive* toujours abondante dans les ciments récemment fabriqués.

2° De *vieillir* les ciments frais.

3° D'augmenter la durée de la *prise* des ciments, ainsi que la *résistance*, proportionnellement à leur âge.

4° De procurer à la *chaux hydraulique* les moyens d'une prise *énergique*, pour produire, au bout de quelques mois, une pierre aussi belle et aussi compacte que la pierre naturelle.

5° De perfectionner le *béton-plastique*, employé à l'exécution des trottoirs des rues et autres ouvrages.

6° D'empêcher les constructions en ciment ou en chaux de se *désagréger* et de se *fendre* dans les emplois à l'air ou au soleil.

7° Enfin de permettre d'appliquer en toute sécurité, à toutes espèces d'ouvrages exposés aux *intempéries* et aux *piétinements* les plus incessants, des produits connus depuis longtemps, et dont l'emploi, jusqu'à ce jour, présentait de nombreux inconvénients et des incertitudes qui en rendaient l'application difficile et coûteuse.

Tous ces avantages devront produire incontestablement un grand progrès sur l'emploi des ciments dans tous les pays, même en Angleterre où ce produit est le plus apprécié à cause de la rareté de la pierre de construction.

Nous pouvons affirmer que ce pays de ciment laisse la France bien loin pour les mauvais travaux, surtout pour les ouvrages d'enduits et de dallages, dont on ne connaît pas encore le moindre principe d'application.

N'est-il pas surprenant que, dans le pays où les fabriques de ciment se comptent par milliers et qui livrent sur tous les points du globe des quantités énormes de leurs produits, on ne puisse pas trouver un travail sur lequel il y ait à élever des critiques sérieuses et méritées; si quelques doutes existaient à cet égard, la lettre suivante, écrite de Londres, par un de nos cointerressés dans la question commerciale de notre *agrégat*, finira de les dissiper.

Londres, le 9 Mars 1876.

Monsieur Ducournau,

« Vous me demandez divers renseignements sur les ouvrages en ciment exécutés à Londres, voici ce que j'ai vu.

Tous les enduits, à un sur vingt près, sont affreux ; toutes
les maisons sont construites en briques, les propriétaires un
peu riches ont leurs maisons enduites en ciment du haut
en bas ; quelques-unes ne le sont qu'à moitié. Eh ! bien, toutes sont en partie écaillées ou fendues, celles qui sont écaillées, et il y en a beaucoup, c'est à croire que le feu y a passé,
ces écailles sont semblables à celles d'un viel arbre dont on
enlèverait l'écorce en soufflant dessus.

Je crois que les ingénieurs doivent fermer les yeux sur
ces mauvais travaux et qu'ils les tolèrent faute de pouvoir mieux faire, ce n'est pas possible autrement ; sans cela, il
ne se trouverait pas d'entrepreneur qui voulût se risquer d'en
duire une seule maison. »

Ce que nous raconte notre correspondant ne nous étonne
pas, car nous savions déjà que les constructeurs anglais
n'avaient aucune notion sur l'emploi des ciments ; nous
nous rappelons qu'un jour M. Johnson, de Londres,
le premier fabricant breveté de ciment de Portland, vint à
Paris visiter nos ouvrages de *béton-plastique*, notamment
quelques dalles qui avaient été posées à titre d'échantillon,
par ordre de M. Rousselle, ingénieur du service municipal,
sur le trottoir faisant le coin de la rue de Rambuteau et de la
rue Saint-Martin.

M. Johnson ne voulut pas croire que ces dalles, posées sur la voie publique et dans l'endroit le plus fréquenté de Paris, fussent fabriquées avec son ciment ; d'autres
travaux que nous lui fîmes visiter le surprirent tellement
qu'il sembla douter que ces ouvrages fussent exécutés en ciment ; nous étions alors en 1856, on peut voir d'après la lettre de Londres, qu'on vient de lire, que depuis cette époque
les Anglais n'ont pas fait le moindre progrès sur un produit
dont ils se disent les inventeurs. (1)

_____

(1) Nous avons déjà contesté aux Anglais la paternité de l'invention du
ciment à prise lente, qu'ils ont baptisé du nom de ciment de Portland.

D'après ce que nous venons de raconter, on pourrait croire que les soi-disants inventeurs du ciment de Porland se seraient empressés de faire l'acquisition de notre brevet relatif à l'*agrégat*, mais il n'en a rien été; ils ont d'abord fait semblant de ne pas y croire, ensuite ils l'ont bien marchandé, et, en fin de compte, ils ont fait des conditions d'acquisition inacceptables, pensant sans doute, comme d'habitude, trouver

---

Nous avons déjà dit, dans le commencement de cet ouvrage, que M. Lebrun, ingénieur civil de Moissac, était le véritable inventeur de ce produit. Il en est du ciment à prise lente comme du macadam dont l'idée fut conçue et mise en pratique par un ingénieur français, en 1776, il y a aujourd'hui cent ans, et que le vulgaire croit être d'invention anglaise.

Il suffira de lire l'extrait suivant du *Dictionnaire de la Voirie* de cette époque, pour se convaincre que l'invention du macadam ou chaussées d'empierrements est bien d'origine française, comme celle du ciment à prise lente, dit ciment de Portland.

« Il entretiendra (l'entrepreneur) pareillement les chaussées d'empierre-
» ments, cailloutis et gravelages compris dans le présent bail, et il emploiera
» les mêmes matériaux dont elles sont construites, les plus durs et de gros-
» seurs convenables pour remplir les trous, flaches et rouages à mesure
» qu'ils s'y formeront, après avoir nettoyé lesdites chaussées des matières
» molles; observant d'y travailler par préférence pendant les temps hu-
» mides. *Les nouveaux matériaux seront cassés à la masse*, s'il est néces-
» saire, *et réduits à la grosseur d'une noix* (ce qui sera fait, et de condition
» expresse, sur les bernes et non pas sur la chaussée), et en suffisante
» quantité pour en avoir toujours en approvisionnement une année d'avance,
» ce qui aura lieu en doublant l'approvisionnement nécessaire pour la pre-
» mière année. On observera de placer ces matériaux par tas et espacés
» également au bord intérieur des fossés, sur trois pieds au plus de largeur
» au droit des arbres et de sorte que la voie publique n'en soit pas embar-
» rassée. L'on conservera aux chaussées leur ancienne largeur, forme et
» bombement, sans aucune butte ni flache qui puissent y retenir l'eau, et
» l'on aura soin de faire remplacer ces matériaux et les étendre au rateau
» continuellement à mesure qu'ils seront affaissés ou écartés par les voitures
» ou qu'il s'y forme des ornières. »

Ces conditions de *concassage* de pierres *à la grosseur d'une noix* pour l'entretien des chaussées, n'étaient-t-elles pas le germe de l'invention qui devait transformer le mode d'exécution des chaussées faites par Blocayes et dont les Anglais ont été peut-être les premiers à reconnaître l'efficacité et retirer les avantages? Mais il reste toujours acquis que l'idée du concassage des pierres destinées aux chaussées est bien d'origine française. Que l'ingénieur Macadam soit le premier qui ait construit sur une grande échelle des chaussées en matériaux concassés, c'est possible, mais cela ne prouve pas qu'il en soit l'inventeur.

le moyen de se l'approprier à des conditions plus faciles, c'est le sort des inventions françaises de toujours devenir la proie de l'étranger.

Lorsque les ciments nouvellement fabriqués sont très-cuits, si ce sont des ciments de Portland, la *chaux libre* est en partie en état *caustique ;* cette partie de *chaux vive* fortement calcinée est toujours tardive à s'hydrater lors de la fabrication des mortiers, le plus souvent cette hydratation a lieu quelques heures ou même quelques jours après la prise des mortiers ; il résulte de ce fait que, non-seulement la combinaison chimique des silicates se trouve compromise, mais encore le gonflement ou l'augmentation de volume de ses particules très-cuites provoquent une désorganisation complète dans les emplois qui compromet la stabilité des ouvrages par les fentes, le retrait et les boursouflures causées par la fausse hydratation de la *chaux vive* (1).

Dans cette hypothèse l'emploi de l'*agrégat,* soit qu'on le mélange aux poudres, au moment de la fabrication des mortiers, soit qu'on effectue ce mélange quelques jours avant le gâchage, l'emploi de l'*agrégat* a la faculté de dissoudre la *chaux vive* et de la réduire à l'état de *chaux fusée,* de lui procurer une hydratation prompte et régulière, dont les effets sont d'augmenter la résistance du ciment et de neutraliser complétement les défauts signalés.

Si l'*agrégat* procure une augmentation de résistance au ciment de Porland cuit à point, il n'en est pas de même pour les mêmes ciments faiblement cuits, ainsi que pour les ciments romains ; pour ces qualités inférieures, l'*agrégat* en

(1) Ces éléments de destruction sont bien les mêmes qui désorganisent les ouvrages d'enduits sur les maisons de Londres, et que nous a signalé notre correspondant.

Comment se fait-il que les constructeurs anglais, qui emploient leurs ciments à enduire leurs maisons depuis plus de trente ans, n'aient pas cherché la cause de tous ces désordres dans leurs travaux et qu'ils persistent encore à croire que leur ciments n'a pas de défauts et que tous leurs mauvais ouvrages sont le fait de la main-d'œuvre ? Est-ce ignorance ou parti pris pour faire croire à la perfection de leur ciment ? Dans tous les cas nous pouvons affirmer que les ingénieurs et les architectes français n'auraient pas persisté aussi longtemps à produire de si mauvais ouvrages pour conserver la réputation de tel ou tel autre produit national.

dissolvant la *chaux vive* qu'elles contiennent aussi plus ou moins, et en les rendant propices aux ouvrages d'enduits exécutés à l'air, les transforme, diminue leur résistance primitive, et leur rend la faculté de durcir d'une manière régulière et d'acquérir une résistance plus correcte.

Ainsi, tel ciment romain ou de Portland faiblement cuit, sans mélange d'*agrégat*, qui produira 20 kilos de résistance au bout d'un mois de fabrication, mais dont la résistance sera réduite à 10 kilos au bout de deux mois, le même ciment mélangé d'*agrégat,* qui produira 10 kilos de résistance au bout d'un mois de fabrication, en produira 15 et quelquefois plus au bout de deux mois; cette différence de résistance des ciments mélangés d'*agrégat* avec ceux sans *agrégat,* sera d'autant plus sensible que les ciments seront plus ou moins cuits.

En général, les ciments faiblement cuits ont une prise plus prompte que les ciments fortement cuits; les premiers ont aussi une résistance bien plus forte au moment de la prise des mortiers, mais cette résistance factice des mortiers diminue en vieillissant, tandis que la résistance des ciments cuits à point et d'une prise modérée va en augmentant pendant de longues années.

On sait que les ciments de premier âge contiennent tous une forte quantité de *chaux vive* et de grumeaux inégalement cuits qui ont conservé une partie de l'acide carbonique qui les rend rebelles à l'hydratation, ce qui cause aux emplois, même dans l'eau, des graves désordres qui souvent compromettent la solidité des ouvrages.

L'*agrégat,* ayant la propriété de dissoudre la chaux vive et les molécules imparfaitement cuite, qui se trouvent dans les ciments de fraîche fabrication, neutralise complétement les effets causés par l'hydratation tardive de la partie des poudres mal fabriquées, en régularisant la prise des mortiers de manière à faciliter la transformation régulière et la combinaison chimique des silicates si nécessaire au succès des ouvrages.

Ces perfectionnements nouveaux apportés à l'emploi des ciments permettent aujourd'hui de garantir les ouvrages de *béton-plastique,* dallages, enduits et autres, contre les fentes et la désagrégation des surfaces, et d'en faire l'application avec la plus grande sécurité dans les ouvrages fortement éprouvés, exposés aux rigueurs du temps comme aux actions physiques ; trottoirs des rues, terrasses et autres ouvrages fortement exposés.

Il est à remarquer que plus la résistance du ciment naturel est faible au premier mois de la fabrication des mortiers, plus l'*agrégat* a une influence salutaire, car on peut voir que le numéro 7 qui, au bout de 30 jours, n'est arrivé, sans mélange d'*agrégat*, qu'à 8 kilos 350, le même ciment mélangé d'*agrégat* a augmenté sa résistance de 107,44 pour cent dans les six mois. Comme nous l'avons dit plus haut, le ciment de troisième âge est le plus favorable pour les emplois à l'air.

ÉLÉMENTS DE FABRICATION ET RÉSULTAT DES CALCULS DES CIMENTS
PRODUITS PAR L'ANALYSE DU TABLEAU PRÉCÉDENT

SIGNES	1 Johnson	2 Jonson	3 Francisson	4-5 Demarle	6 Frangey	7 Demarle	8 Vicat
V	100.00	100.00	100.00	100.00	100.00	100.00	100.00
P	107.00	93.60	116.00	100.00	105.00	110.00	113.00
D	36.30	28.10	46.90	29.80	33.00	46.80	33.40
T	20.20	14.70	17.30	12.20	11.60	15.20	18.00
A	63.70	71.90	53.10	70.20	67.00	53.20	66.60
B	106.00	80.00	79.00	72.00	76.00	69.00	74.00
S	106.00	80.00	102.00	90.00	100.00	92.00	105.00
C	66.00	52.00	60.00	56.00	62.00	56.00	64.00
C '	37.73	35.00	41.17	37.77	38.00	39.13	34.28
T—30	0.00	0.60	0.40	0.00	0.00	0.00	0.20
T—50	15.80	12.60	7.00	8.60	0.00	4.00	13.00
T—80	4.40	2.10	10.00	3.60	5.60	11.20	5.00
T—100	16.10	12.80	25.60	17.60	21.40	31.60	15.00
A '	106.00	80.00	90.00	81.00	88.00	80.00	89.50
N	2.88	— 1.79	6.90	3.04	1.90	3.60	5.33
F	8.885.18	7.002.60	7.789.87	7.587.40	7.875.83	6.810.55	8.753.07
C ″	6.05	2.86	12.48	4.92	3.34	5.76	9.54

Observation. — Les ciments n°ˢ 2, 3 et 4 du tableau précédent, ont été
soumis à l'épreuve de la traction pendant six mois. Il est à remarquer que
le n° 2 dont les degrés du signe C″ sont au-dessus de la proportion normale de 0,52, a augmenté de plus du double de résistance, tandis que le
ciment n° 3 dont les degrés du signe C″ sont au-dessous de la proportion
normale de 0,68, a augmenté un peu moins. Mais le ciment n° 4 dont les
degrés du signe C″ sont au-dessous de la proportion normale de 1,60, différence en moins bien plus forte, la résistance a diminué presque du double. Règle générale : plus les degrés du signe C″ s'approchent de la proportion normale, plus la résistance des ciments va en augmentant ou se sou-
tient. Le contraire a lieu quand cette différence en plus ou en moins s'écarte
trop du signe C″ qui est de 8 $:$ 15 $::$ N $:$ x.

10

RÉSUMÉ *des résistances obtenues par centimètre carré*
Portland

No D'ORDRE	DÉSIGNATION des CIMENTS	Nos DES BRIQUETTES	DATES de L'ÉPREUVE	POIDS des poudres sans résidus	VOLUME des bouillies	NOMBRE DE JOURS					
						5		10		20	
						sans agrégat	avec agrégat	sans agrégat	avec agrégat	sans agrégat	
			1875	k.	m.	k.	k.	k.	k.	k.	
1	Johnson...	765	29 septe. au 19 oct..	63.700	106.00	8.500	»	27.900	»	34.000	
		768	25 septe. au 19 oct..			»	12.500	»	29.650	»	33
			1876								
2	Johnson...	877	22 décem. au 18 juin	71.600	80.00	11.930	»	10.000	»	9.470	
		877	23 décem. au 19 juin			»	8.600	»	16.410	»	20
3	Francis Son.	892	21 février au 21 juil.	61.600	79.00	»	»	»	»	»	
		894	22 avril au 22 juillet			»	»	»	»	»	
4	Demarle...	902	4 février au 29 juillet	70.20	72.00	7.400	»	14.750	»	15.910	
		900	3 février au 28 juillet			»	9.850	»	19.950	»	2
5	Demarle...	902	4 février au 29 juillet	70.20	71.00	7.400	»	14.750	»	15.910	
		903	5 février au 30 juillet			»	10.700	»	14.650	»	19
6	Frangey...	930	20 mars au 10 juin...	67.60	76.00	»	»	28.700	»	13.690	
		931	20 mars au 10 juin..			»	»	»	11.250	»	22
7	Demarle...	947	5 avril au 30 septem.	70.20	69.00	9.500	»	8.380	»	5.680	
		949	5 avril au 1er octobre			«	10.700	»	6.250	»	8.
8	Vicat......	1012	10 mai au 10 août..	75.26	74.00	11.250	»	19.770	»	14.880	
		1017	11 mai au 11 août...			»	17.870	»	11.000	»	27.

OBSERVATIONS.—D'après le volume des bouillies produites à l'analyse ciments nos 2, 3, 4, 5 et 6 sont du deuxième âge, tandis que l d'âge pour les emplois à l'air.

*par l'emploi de l'agrégat, sur des briquettes en ciment de
exposées à l'air.*

...A FABRICATION DES BRIQUETTES											RÉSISTANCES		
avec agrégat	60		90		120		130		180		TOTALES	En plus pour l'agrégat	P. 100
avec agrégat	sans agrégat	avec agrégat	sans agrégat	avec agrégat	sans agrégat	avec agrégat	sans agrégat	avec agrégat	sans agrégat	avec agrégat			
k.	k.	k.	k.	k.	k.	k.	k.	k.	k.	k.	k.		
»	»	»	»	»	»	»	»	»	»	»	93.300	27.270	29.000
15.000	»	»	»	»	»	»	»	»	»	»	120.900		
»	31.700	»	21.900	»	cassée.	»	22.400	»	26.250	»	144.400	56.070	38.88
27.151	»	29.770	»	23.450	»	26.290	»	DÉFAUT 12.850	»	20.750	200.470		
»	13.750	»	21.250	»	20.000	»	21.820	»	28.180	»	121.433	47.087	38.84
14.570	»	27.000	»	30.750	»	DÉFAUT 11.150	»	22.500	»	51.950	168.520		
»	13.700	»	19.700	»	33.612	»	30.330	»	19.900	»	194.992	54.058	27.86
22.870	»	51.550	»	30.350	»	33.150	»	22.830	»	41.150	249.050		
»	13.700	»	19.700	»	33.612	»	30.330	»	19.900	»	194.992	41.775	21.38
20.957	»	47.900	»	32.650	»	20.900	»	28.100	»	44.900	236.567		
»	16.770	»	13.930	»	»	»	»	»	»	»	99.660	11.44	11.55
3.750	»	18.930	»	24.670	»	»	»	»	»	»	111.100		
»	9.200	»	7.550	»	10.000	»	»	»	»	»	56.160	60.170	107.44
3.930	»	14.350	»	19.000	»	33.750	»	»	»	»	116.330		
»	39.350	»	33.500	»	»	»	»	»	»	»	146.600	37.980	20.09
23.750	»	49.750	»	45.000	»	»	»	»	»	»	184.020		

iment n° 1 est du premier âge, c'est-à-dire de fraîche fabrication; les
' est du troisième âge, ce dernier est dans la meilleure condition

— 148 —

§ II.

Fabrication et extinction de la chaux hydraulique.

Avant de nous occuper de la composition des mortiers propices à la fabrication de notre pierre artificielle, nous croyons utile de donner quelques détails sur la fabrication et l'extinction de la chaux hydraulique, pensant nous être assez étendu sur tout ce qui concerne les ciments.

Dans la pratique, on reconnaît trois modes d'extinction pour la chaux hydraulique, qui sont :

1° Extinction par la fusion.
2° id. par l'immersion.
3° id. spontanément.

Disons de suite que nous donnons nos préférences au deuxième mode d'extinction et que nous nous en sommes toujours bien trouvé dans tous nos grands travaux ; cependant nous devons dire aussi que, dans maintes circonstances, nous avons appliqué le mode d'extinction par la fusion et que nous nous en sommes aussi bien trouvé; nous dirons en faveur de ce dernier mode que si toujours il n'est pas le plus rationnel, il a au moins le mérite incontestable d'être le moins encombrant et le moins coûteux.

Pour abréger notre travail et pour ne pas tomber dans des redites inutiles à ce sujet, nous ne pouvons mieux faire que de rapporter quelques extraits puisés dans le manuel du chaufournier et du maçon, les plus propres à remplir le but que nous nous proposons.

Extinction de la chaux hydraulique

La chaux vive est anhydre, et la chaux éteinte est hydratée.

La chaux à l'état anhydre ou à l'état hydraté, absorbe l'acide carbonique de l'air, et produit du carbonate de chaux; en se carbonatant, elle devient dure et se transforme en une matière qui présente la composition de la pierre à chaux, et qui en a souvent la dureté; c'est cette propriété importante qui fait employer la chaux dans la confection des mortiers.

Quand on met trop d'eau pour éteindre la chaux, elle tourne en bouillie claire, se trouve *noyée* et perd beaucoup de sa qualité; quand, au contraire, il y a des morceaux de chaux qui ne sont atteints que par une quantité d'eau insuffisante, ils décrépitent à sec, et si l'on jette ensuite de l'eau dessus, ils se divisent très-mal et ne donnent plus que de la chaux grenue. On voit que l'extinction de la chaux, opération préliminaire de la fabrication des mortiers, exige une certaine attention pour être bien faite.

La chaux grasse éteinte en bouillie pâteuse donne deux et jusqu'à trois volumes pour un, ce sont celles qui *foissonnent le plus*. Cent kilogrammes de chaux peuvent retenir près de trois cents litres d'eau. Cette chaux en pâte, qui est dite *coulée, fondue ou amortie*, peut rester dans cet état pendant des siècles, sans rien perdre de ses qualités, si on la renferme dans une fosse humide.

Les chaux maigres et les chaux hydrauliques, aussi éteintes en bouillies épaisses, ne donnent qu'un volume et demi ou un volume un quart pour un. Contrairement à ce qui a lieu avec la chaux grasse, les chaux hydrauliques ne peuvent se conserver après avoir été délayées dans l'eau, car elles durcissent d'autant plus vite qu'elles sont plus hydrauliques; quand une fois la chaux a durci, il ne faut plus chercher à l'employer, car elle ne ferait que de très-mauvais mortiers.

1° *Extinction ordinaire ou par fusion*. Ce procédé, qui est le plus universellement en usage, consiste à jeter la chaux dans une quantité suffisante pour la transformer en bouillie épaisse. Ordinairement on opère d'une manière un peu différente, en ce qu'on étend d'abord la chaux sur une aire bien battue et qu'on verse dessus l'eau nécessaire, après l'avoir entourée d'une bordure de sable qui doit servir à faire le mortier, ou bien on établit une fosse en maçonnerie ou en planches, à une petite hauteur au-dessus d'une fosse plus grande: alors, on éteint la chaux en bouillie dans la première fosse, puis on la fait tomber, en soulevant une petite vanne, dans la seconde fosse, d'où on la prend quand on en a besoin.

Il va sans dire que la chaux hydraulique ne peut être ainsi préparée que peu de temps avant de l'employer. On doit autant que possible, quand il s'agit de grands travaux, placer les bassins dont il vient d'être parlé dans une position qui permette d'y amener l'eau par un tuyau, et à une hauteur telle que la chaux en bouillie n'ait qu'à tomber dans les appareils qui servent à faire le mortier.

2° *Extinction par immersion.* — En opérant l'extinction de la chaux par ce procédé, on a de la chaux pulvérulente, qui peut se conserver longtemps dans cet état, pouvu qu'elle soit à l'abri de l'humidité ; l'extinction par immersion se fait en plongeant la chaux vive dans l'eau, jusqu'à ce que la surface de l'eau commence à bouillonner, en la retirant avant qu'elle n'ait fusé ; à cet effet, on met dans des paniers ou dans des seaux troués, des pierres de chaux vive, réduites à la grosseur d'une noix, on les plonge un moment dans l'eau, on laisse égouter pendant un instant, puis on verse la chaux dans des futailles. Si l'on n'avait pas la précaution de diviser la chaux vive en petits fragments avant l'immersion, et de la renfermer ensuite dans des futailles, avant quelle ne fuse, elle ne retiendrait pas assez d'eau et ne ferait que de se diviser en petits fragments, au lieu de se réduire en poudre, et ne pourrait plus donner qu'une pâte grenue.

Ce procédé donne un moyen, pour de grands ateliers, de séparer facilement les incuits d'une manière complète, en jetant la chaux au sortir de l'eau dans une chambre en maçonnerie où elle fuse et se réduit en poussière. On la fait alors tomber dans un cylindre en toile métallique ou en tôle percée de trous et animé d'un mouvement rapide de rotation. Comme ce cylindre est incliné, les incuits ou les biscuits sortent par son extrémité inférieure, pendant que la chaux en poudre passe à travers les vides de cette espèce de bluttoir.

3° *Extinction spontanée.* — Cette troisième manière ne donne, comme la seconde, que de la chaux en poudre. Elle consiste à abandonner la chaux vive à l'action lente et continue de l'athmosphère, dont elle absorbe l'humidité, pour se réduire en poussière, après un temps plus ou moins long. On doit avoir soin d'arrêter l'opération quand la réduction est complète et de renfermer la chaux en poudre dans des futailles, comme quand elle a été éteinte par immersion, si on ne doit pas s'en servir de suite.

Dans ce procédé, il est certain que la chaux absorbe de l'acide carbonique de l'air. M. Vicat pense que c'est le plus convenable pour la chaux grasse. M. le général Treussard regarde, au contraire, l'extinction spontanée comme très-mauvaise dans tous les cas. » *(Manuel du maçon.)*

Voici maintenant l'opinion de MM. Rivot et Chatonery, que nous recommandons particulièrement à l'attention du lecteur :

« Nous allons maintenant montrer que, puisque les chaux, quelle que soit leur nature, n'absorbent guère, en s'éteignant, que la quantité d'eau nécessaire pour hydrater la chaux libre, il est utile, souvent indispensable de les conserver longtemps éteintes en magasin, avant de les employer.

Le degré de cuisson de chaque morceau de calcaire ne peut pas être le même, et dans un morceau, l'extérieur est toujours plus chauffé que l'intérieur. Or les composés de silice, alumine et chaux qui auront subi la plus forte température, devant faire prise après ceux qui auront été moins chauffés, il pourra en résulter des inconvénients si la chaux est employée quelques jours seulement après l'extinction. Si, au contraire, on la conserve longtemps en magasin, la présence de la chaux hydratée et du très-petit excès d'eau préparera les actions chimiques qui plus tard déterminent la prise, et par suite on fera disparaître, ou, pour le moins, on diminuera les différences de vitesse de prise provenant des degrés différents de cuisson.

On devrait donc, rien que pour ce motif, conserver toutes les chaux éteintes avant de les employer ; mais si elles contiennent de l'alumine, cette condition devient indispensable. Nous avons dit, en effet, dans la première partie de ce mémoire, que leurs cuissons produisent du silicate de chaux, de l'aluminate de chaux et du silicate d'alumine et de chaux, lequel est destiné à se transformer plus tard, sous l'influence de la chaux libre et de l'eau, en silicate et en aluminate de chaux. Si la chaux est employée peu de temps après l'extinction, cette transformation a lieu pendant ou même après la prise du mortier, et il est à craindre que la prise du silicate et de l'aluminate de chaux, ainsi formée par voie humide, n'ait lieu après celle du silicate et l'aluminate de chaux, formée par voie sèche. De là, une cause de désagrégation qu'il faut éviter ; on y arrive en conservant longtemps la chaux en magasin, car le silicate d'alumine et de chaux sera transformé avant l'emploi, sous l'influence de la chaux libre hydratée, en silicate et aluminate de chaux. Toutes les réactions étant ainsi terminées *avant* la fabrication du mortier, les chances de stabilité seront plus grandes.

Comme nous avons constaté que la chaux éteinte en poudre ne contient guère que l'eau nécessaire pour hydrater la chaux libre, il n'y a pas à craindre que les silicates et aluminates de chaux ne viennent eux-mêmes à s'hydrater, c'est-à-dire à faire prise, et dès lors, la conservation en magasin ne pourra avoir que les bons effets que nous venons de signaler. Une petite quantité de chaux se carbonatera, il est vrai, et deviendra inerte ; ce qui ne sera jamais un inconvénient dans les conditions ordinaires de l'emploi.

L'expérience vient à l'appui des considérations que nous venons de développer, car presque tous les praticiens sont d'avis qu'on ne doit pas employer la chaux de suite après l'extinction, tandis qu'on peut la garder pendant bien des mois, et même des années, sans que sa qualité en souffre. L'extérieur seul se carbonate et devient inerte.

Fabrication de la chaux hydraulique.

La grande affinité qu'il y a entre l'acide carbonique et la chaux fait que la décomposition du carbonate de chaux exige une très-haute température.

On a évalué que, pour obtenir la chaux, l'acide carbonique combiné à la chaux dans les pierres calcaires, il fallait une température de 15 à 30 degrés du pyromètre de Wedgewood. On ne doit guère tenir compte de cette évaluation, qui exprime un trop grand écart entre les deux points de la température (1).

---

(1) Le pyromètre de Wedgewood est divisé en degrés dont chacun cote 72 degrés 22 (centigrades), et le zéro de ce pyromètre répond à 585 degrés 55. Ainsi 15° du pyromètre égale 168°, et 85 et 30° = 27,52, et 15.

Cuire la pierre à chaux, c'est la soumettre à l'action d'une forte chaleur, dont l'application doit être immédiate, continue et non interrompue, pour l'amener à l'état de chaux vive ou chaux caustique par sa séparation d'avec l'acide carbonique; c'est de cette opération que nous allons nous occuper sans parler des divers combustibles, dont il sera fait mention plus loin et qui ne change rien à la manière de conduire la cuisson.

Si le carbonate de chaux peut, comme il est dit plusieurs fois dans cet ouvrage, être fortement chauffé sans inconvénients, quand il est pur, s'il peut même être soumis à sa température la plus élevée, aussi longtemps que l'on voudra, sans subir de changement, puisque la chaux ne fond pas aux températures les plus élevées que nous puissions produire dans nos fourneaux et n'éprouve un commencement de fusion qu'au chalumeau alimenté par un mélange d'hydrogène et d'oxygène; il n'en est plus de même dès qu'il contient des matières étrangères, c'est ce qu'il faut bien comprendre.

Quand on fait cuire un calcaire impur, contenant des matières étrangères, et qui doit produire de la chaux maigre, de la chaux hydraulique ou du ciment, on ne peut pas lui faire subir impunément une chaleur trop forte. Nous allons en voir la raison.

Bien que la silice, l'alumine et la chaux soient trois substances qui résistent aussi bien l'une que l'autre à toute espèce de température sans changer d'état, si l'on réunit ces trois subsances en proportions égales, et si l'on soumet le mélange à la chaleur rouge, on obtient du verre.

Or, l'argile est formée de silice associée par voie de simple mélange à des quantités variables d'alumine, de carbonate de magnésie, d'oxide de fer et de manganèse, etc.

Et, comme c'est à la présence de l'argile que les chaux hydrauliques et les ciments doivent leurs propriétés, on conçoit qu'il y ait du danger à exposer les calcaires qui les produisent à une température assez élevée pour les scorifier et, par là, rendre la chaux impropre à aucun usage.

Le temps employé à la cuisson d'un calcaire n'est pas toujours le même, parce que, comme pour la conduite du feu, il peut varier suivant la dureté de la pierre, l'espèce du combustible, la température et l'état hygrométrique de l'atmosphère.

On peut considérer la cuisson comme à peu près terminée quand on aperçoit les indices suivants :

1° Un tassement plus ou moins considérable, selon la nature de la pierre et la dimension du four, se remarque dans toute la hauteur de la masse ; il est ordinairement d'un sixième et il a toujours lieu peu d'heures avant la fin de l'opération, quelquefois même six heures auparavant ;

2° La flamme sort par le haut du four, presque sans fumée (pendant l'opération, elle change plusieurs fois de couleur : elle est d'abord brune, puis d'un rouge foncé, ensuite violette, bleue et enfin blanche) ;

3° Les pierres sont d'une belle couleur rose blanchâtre.

Par suite d'une longue habitude, les ouvriers ne se trompent pas dans l'appréciation du degré de cuisson (1).

---

(1) Toute opération qui n'a pour base et pour guide que la routine est assujettie à des erreurs multipliées. Dans cette circonstance surtout, plus que dans toutes autres, les erreurs sont d'autant plus faciles à commettre que l'opération est sujette à des inconvénients sans nombre, que l'expérience la mieux acquise d'un chaufournier ne peut éviter. Il faut donc se résoudre à ce qui ne peut être évité, c'est-à-dire à la cuisson des ciments et des chaux plus ou moins imparfaits, et ne pas négliger de se rendre compte, au moyen de notre analyse, du degré d'imperfection, si on tient à éviter les désastres dans les travaux.

Pour bien pénétrer nos lecteurs sur les nombreux obstacles que l'on rencontre dans la cuisson des chaux et ciments, nous leur recommandons l'extrait suivant de l'ouvrage de MM. Rivot et Chatonai, qni ne laisse aucun doute sur les difficultés ardues de cette opération :

« En thèse générale, on doit chercher à obtenir une cuisson parfaite qui expulse tout l'acide carbonique. On peut cependant augmenter, au moyen d'une cuisson complète, l'hydraulicité de certaines chaux. Il suffit de ménager la cuisson de manière à ne décomposer qu'une quantité de carbonate de chaux suffisante pour fournir à la silice et à l'alumine la chaux dont elles ont besoin pour former un bon composé hydraulique. Le produit contient alors, en outre de ce composé, un peu de chaux libre et du carbonate de chaux inerte. Sa partie active a donc la composition et, par suite, les propriétés d'une chaux très-hydraulique ou d'un ciment, suivant la proportion plus ou moins forte de chaux libre.

» Mais ce qui paraît fort simple en théorie l'est beaucoup moins en pratique. On ne peut, en effet, être assuré de réussir qu'en arrivant juste à un

On peut encore s'assurer positivement en choisissant quelques-uns des plus gros morceaux de chaux qui se trouvent
en haut du four et en les éteignant. Lorsque la chaux est réduite en bouillie, l'on verse dessus quelques goutes d'acide
nitrique ou sulfurique. S'il ne reste plus d'acide carbonique
dans la chaux il ne se fera point d'effervescence, ce qui prou-
vera que la calcination est complète.

« On reconnaît la chaux hydraulique bien cuite, dit M.
Vicat, à sa légèreté, à sa consistance crayeuse et à l'effervescence qu'elle fait avec l'eau lorsqu'elle n'a pas encore été
éventée. Est-elle au contraire lourde, compacte, vitrifiée légèrement sur les arètes, longtemps inactive après l'immersion, on doit en conclure que le terme de la bonne cuisson
a été passé : fuse-t-elle superficiellement en laissant un
noyau, la cuisson en est incomplète ».

« L'inaction persévérante de la pierre cuite, lorsqu'on
l'immerge, peut être due encore à une trop forte proportion
d'argile ». Alors ce n'est plus une chaux et c'est peut-être
un ciment.

La chaux vive, de quelque nature qu'elle soit, pour être
cuite au degré convenable, doit fuser promptement et com-

---

degré de cuisson tellement difficile à saisir et à reproduire, que nous ne con-
sidérons pas ce procédé comme susceptible d'application. Nous ne pensons
même pas qu'on puisse donner ce degré de cuisson convenable à toutes les
parties d'un seul morceau de calcaire. On aurait donc toujours à craindre
que la chaux contînt à la fois des portions bien cuites et d'autres cuites
imparfaitement. Leurs qualités hydrauliques étant différentes, et leur prise
ne pouvant pas avoir lieu en même temps, il pourrait en résulter des accidents.

» La chaux du Teil contient presque toujours des parties mal cuites, auxquelles on donne le nom de grappier, et qu'on mêle avec la chaux après les
avoir broyés. On a pu le faire sans inconvénients dans la Méditerranée, du
moins jusqu'à présent ; mais une pareille réussite paraît trop incertaine
pour qu'on puisse recommander de suivre cet exemple. Employés seuls, les
grappiers n'auraient aucun inconvénient et pourraient rendre des services.
Ce serait, selon nous, la meilleure manière d'en tirer parti. »

C'est sur cette théorie que se basent les fabricants pour justifier la trop
forte quantité de résidu qu'ils laissent dans les poudres, résidus inertes qui
ne font qu'augmenter le poids des poudres, sans autre utilité, et, pour
les rendre actifs, il faudrait les moudre en poudre très-fine avant de les
mélanger aux ciments ou aux chaux.

plètement dans l'eau. Lorsqu'elle est trop fortement calcinée, elle devient *paresseuse* et reste plusieurs heures quelquefois même un jour ou deux sans s'éteindre.

Pour être réputée de bonne qualité il faut en outre qu'elle ne contienne ni biscuits, ni durillons, ni aucune partie étrangère.

Il va sans dire que les propriétés de la chaux varient suivant la nature du calcaire dont elle provient. De plus, la qualité d'une même espèce de chaux peut ne pas être la même suivant le degré de calcination et l'espèce de combustible dont on s'est servi, c'est du moins l'opinion qui a été exprimée par MM. Donop et Deblinne, dans un mémoire adressé à la Société d'encouragement, dont nous extrayons ce qui suit :

« Nous nous étions proposé depuis longtemps de comparer entre elles les différentes pierres calcaires dont on fait usage pour les travaux publics et dans les arts, soit chez les tanneurs et les teinturiers, soit pour la fabrication du savon.

» A cet effet, nous avons pris des pierres calcaires de diverses carrières, que nous avons fait calciner, soit avec le bois, soit avec la tourbe, soit avec le charbon de terre, et voici les conclusions générales que nous en avons tirées.

» 1° Les chaux calcinées avec le bois sont en général plus blanches ou moins colorées que celles cuites avec la tourbe et le charbon de terre ;

» 2° Ces même chaux calcinées avec la tourbe, éteintes et mêlées en poids égal au même volume d'eau, se précipitent presque toujours plus promptement que lorsqu'elles ont été calcinées avec le bois ;

» 3° Enfin, la calcination opérée par le charbon de terre donne une chaux qui se précipite très-promptement, lorsque, ayant été éteinte, elle est étendue dans une certaine quantité d'eau.

» On doit conclure de là que le choix de la chaux dans les arts doit être fait avec discernement, c'est-à-dire qu'il faudra employer de préférence, dans la fabrication du savon, celle qui se tient le plus longtemps suspendue dans l'eau et qui est calcinée avec le bois ; qu'il faudrait peut-être aussi préférer celle-ci, dans le tannage, le chamoisage des peaux et la teinture, à celle qui est cuite avec la tourbe, mais que celle calcinée au charbon de terre doit être exclusivement employée dans les constructions pour la fabrication des mortiers, comme trop pesante » *(Manuel du chaufournier).*

M. Lacordaire, ingénieur des ponts et chaussées, s'exprime de la manière suivante au sujet de la cuisson des ciments et des chaux hydrauliques :

« Par une réduction de temps employée à la cuisson d'un certain calcaire argileux, on a obtenu deux produits : les deux tiers environ du volume total ont été calcinés en état de chaux hydraulique, le reste ne s'éteignait pas dans l'eau (1). Ce restant, en conservant son état de masse solide, se trouve ainsi séparé de la partie efflorescente par l'extinction et, profitant de cette circonstance de séparation, et en pulvérisant et gâchant comme du plâtre cette portion dure, elle a fait prise en quelques minutes. »

Cette remarque faite par M. Lacordaire, dans la fabrication de la chaux hydraulique à une époque très-éloignée de nous, où la fabrication du ciment était très-peu connue, ne peut-elle pas être faite aujourd'hui dans la fabrication des ciments, surtout des ciments à prise lente, qui ne sont, à proprement parler, que des chaux hydrauliques perfectionnées ; et ces parties, désignées par ce savant ingénieur, qui ne s'éteignent pas au contact de l'eau, n'existent-elles pas aussi dans les ciments qui se fabriquent aujourd'hui et qui subissent l'effet de la trituration à la sortie du four ; nul doute pour nous à cet égard.

Cette enveloppe efflorescente désignée par M. Lacordaire n'est-elle pas aussi la partie du ciment qui forme celle des poudres les plus faciles à se dissoudre au contact de l'eau au moment du gâchage, tandis que le noyau peu cuit, au contraire, laisse dans ces mêmes poudres après le broyage des molécules rebelles à l'hydratation qui faussent les effets de la prise et celui de la transformation chimique des silicates ; comme nous l'avons dit, nul doute à cet égard, ce sont ces

---

(1) Ce reste peut être considéré comme constituant une partie des résidus trouvés dans les poudres des ciments et des chaux, analysées par notre méthode.

mêmes causes signalées par cet ingénieur dans la fabrication des chaux hydrauliques qui produisent aujourd'hui les mêmes effets dans la fabrication des ciments ; c'est à ces difficultés de cuisson et de manutention que doivent tendre tous les efforts de l'esprit de progrès dans la fabrication des ciments et des chaux ; il faut arriver nécessairement à exclure des poudres les fragments irrégulièrement cuits ou à trouver un moyen de chauffage qui cuise également dans toutes ses parties les morceaux de pierres soumis à la cuisson.

Jusqu'à ce qu'un mode de cuisson rationnelle soit trouvé, il n'y a qu'un moyen pour se préserver contre les mauvais effets d'une fabrication imparfaite, c'est d'employer notre *agrégat* dans tous les ouvrages en ciment.

On devra comprendre pourquoi nous n'avons pas cité tous les détails qui se rattachent spécialement à la cuisson et à la manutention de la chaux, et pourquoi nous nous sommes attaché à reproduire seulement ce qui pouvait servir à éclairer nos lecteurs sur les nombreux inconvénients qui se rencontrent dans la fabrication de ce produit, pour bien les pénétrer de la difficulté insurmontable d'obtenir des chaux sans vice de fabrication. Les difficultés sans nombre que l'on rencontre dans la fabrication de la chaux hydraulique se rencontrent dans la fabrication des ciments, avec agravation de détails dans la cuisson et la manutention.

D'après ce qui précède, on pourra donc se faire une idée des services importants que l'on peut recueillir dans l'emploi de notre *analyse* et de notre *agrégat*.

§ III

Fabrication de la pierre artificielle. — Considérations générales.

Notre pierre artificielle est une précieuse découverte, surtout pour les pays où ces matériaux font défaut ou que les frais de transport rendent inapplicables.

La pierre artificielle se fabrique par blocs d'appareils ou de fortes dimensions pour ensuite les débiter à la scie ; cette pierre se travaille comme la pierre naturelle, on en fait des voûtes, des colonnes, et est propre à toutes les applications de la pierre tendre dont elle a toutes les qualités sans en avoir les défauts.

Cette pierre se compose de chaux, de poudre de marbre, de pierre, de verre, de silex ou de sablon de mine comme mélange; le troisième élément se compose de notre *agrégat* employé en état liquide.

La résistance de cette pierre est de beaucoup plus forte que celle de la pierre tendre naturelle, comme on pourra le voir dans le tableau que nous reproduisons plus loin où l'on verra aussi son état d'absorption qui est beaucoup moindre que celui de la pierre naturelle.

On peut arriver à fabriquer cette pierre artificielle au prix de 30 à 35 francs le mètre cube en se servant de sablon pour mélange, et de 50 à 60 francs en se servant de la poudre de pierre au lieu de sablon, ce dernier prix est un peu élevé pour Paris où on a le vergelée à 40 francs le mètre, mais ce prix serait des plus réduits dans les pays où la pierre fait totalement défaut.

Pour fabriquer la poudre de pierre, on pourrait s'approvisionner de recoupes ou détritus dans les nombreuses carrières qui sont exploitées depuis des siècles sur les côtes du Bordelais ou de Normandie; les armateurs pourraient trouver dans ces matériaux et à un vil prix, le lest pour leur mâtures, pour les transporter et les déposer dans les divers pays privés de pierres.

Comme nous l'avons dit plus haut, notre pierre artificielle a cela de particulier sur toutes les autres pierres factices soumises au moulage, qu'elle se débite, qu'elle se taille, qu'elle se sculpte comme la pierre naturelle, et que, par conséquent, elle est propice à toute espèce d'ouvrages et de constructions.

Notre pierre artificielle, tout en procurant de grands avantages d'économie dans les pays où la pierre de taille fait défaut, ne porte aucune atteinte à l'art de l'architecture, du sculpteur, du tailleur de pierre et de l'appareilleur.

L'économie que procurera l'emploi de cette nouvelle pierre artificielle pour la construction des corniches et autres ouvrages ornés de moulures dont les blocs pourraient être fabriqués panelés, c'est-à-dire dégrossis ; pour la construction des voûtes d'arrêts et autres, des ponts biais dont les voussoirs pourront aussi être fabriqués dans les formes voulues en ne laissant que la petite taille ; la grande économie, disons-nous, se trouvera dans la taille des pierres dont la façon et le déchet seront presque nuls.

Il n'y a donc aucune comparaison à faire entre notre pierre artificielle, qui a toutes les qualités de la pierre naturelle, et les pierres factices moulées faites jusqu'à ce jour, dont l'application se limite à quelques objets d'art qui n'ont même pas le mérite de l'économie et encore moins celui du fini.

Fabrication des blocs.

Bloc fabriqué avec de la chaux hydraulique pulvérisée du Teil, de la maison Soullier et Brunot, et de la poudre de pierres pour mélange :

> 100 de chaux.
> 100 de poudre de pierres.
> 67 d'agrégat liquide.

Cette pierre absorbe 20,54 0/0 d'eau en 24 heures de bain, sa résistance à la traction est de 13 kilos 420 par centimètre carré au bout d'un mois de fabrication.

Bloc fabriqué avec la chaux hydraulique fusée du Teil, de la maison Soullier et Brunet, et de la poudre de silex pour mélange :

> 100 de chaux.
> 100 de poudre de silex.
> 70 d'agrégat liquide.

Cette pierre absorbe 20,98 0/0 d'eau en 24 heures de bain, sa résistance à la traction est de 13 kilos 320 par centimètre carré au bout d'un mois de fabrication.

Bloc fabriqué avec la chaux grasse d'Agen pulvérisée, de la maison Baron, mélangée de poudre de marbre passée au tamis 50 :

> 100 de chaux.
> 100 de poudre de marbre.
> 70 d'agrégat liquide.

Cette pierre absorbe 22,59 0/0 d'eau en 24 heures de bain, sa résistance à la traction est de 10 kilos 450 par centimètre carré au bout d'un mois de fabrication.

Bloc fabriqué avec la chaux hydraulique de Ville-sous-Laferté, maison Chambrette, mélangée de poudre de verre :

100 de chaux.
100 de poudre de verre.
85 d'agrégat liquide.

Cette pierre absorbe 26,59 0/0 d'eau en 24 heures de bain, sa résistance à la traction est de 3 kilos 350 par centimètre carré au bout d'un mois de fabrication.

Bloc fabriqué avec la chaux hydraulique de Ville-sous-Laferté, maison Chambrette, mélangée de sablon de mines :

100 de chaux.
100 de sablon.
60 d'agrégat liquide.

Cette pierre absorbe 20,50 0/0 d'eau en 24 heures de bain, sa résistance à la traction est de 3 kilos 230 par centimètre carré au bout d'un mois de fabrication.

On peut faire aussi des pierres économiques avec deux, trois et même quatre parties de sablon pour une de chaux, mais ces mortiers sont plus aptes à être employés aux maçonneries qu'à la fabrication de la pierre artificielle destinée à être façonnée au moyen de l'outil du tailleur de pierre ou du sculpteur.

En remplaçant la chaux par le ciment de Portland, et la poudre de pierre tendre par celle de pierre dure ou de granit, on fabrique des pierres similaires en dureté aux poudres avec lesquelles on a formé le mélange, et si, aulieu de poudre, on emploie pour les mélanges des grains de matériaux durs concassés, on arrive à la fabrication du *béton-plastique;* cette dernière pierre artificielle est de beaucoup supérieure au granit, quant à l'usure par le frottement, si les grains employés au mélange se composent exclusivement de silex concassé *pur.*

Pierres artificielles exhibées à l'Exposition universelle de 1855.

Numéros
des exposants.

1162. — 6ᵉ classe : M. Ducournau jeune, d'Agen. *Béton-plastique.*
4246. — 14ᵉ classe : Arnaud et Carrière, de Grenoble. *Pierre factice,* de ciment.
4278. — Dumas, Berger et compagnie, de Marseille. *Pierre artificielle.*
4291. — Grosset, de Paris. *Pierre factice.*
4306. — Lebrun, de Moissac. *Pierre* faite de sable et de *matières hydroplastiques.*
4311. — Le Petit, du Havre. *Mortier-pierre.*
4322. — Mouton, de Chartres. *Pierre artificielle.*

11

Combien d'industries sérieuses se sont-elles formées pour l'exploitation de ces pierres factices, à part quelques applications isolées ? Nous pouvons dire que pas un de ces divers modes de fabrication n'est parvenu à s'implanter sérieusement pour former une exploitation continue dans un ou tout autre pays, c'est là, suivant nous, la meilleure preuve de l'inefficacité de ces divers modes de fabrication.

Le *béton plastique*, au contraire, a fait son chemin et nous pouvons dire, sans crainte d'être démenti, que cette invention a ouvert la carrière à un grand nombre d'applicateurs qui aujourd'hui recueillent le fruit des bons travaux exécutés dans de nombreuses applications sous des climats et des pays divers, nous sommes convaincu qu'il en sera de même de notre *pierre artificielle* et que par ces deux inventions nous aurons du moins servi l'intérêt de l'art et de l'humanité.

Malgré que nous ayons fait breveter la fabrication de notre *pierre artificielle*, nous ne nous étendrons pas davantage sur les détails de sa fabrication, la famille des contrefacteurs est assez peu soucieuse des droits acquis des pauvres inventeurs pour ne pas la mettre à même de s'accaparer de notre invention avant qu'elle nous ait dédommagé de nos nombreux travaux et de nos grands sacrifices.

TABLEAU DES EXPÉRIENCES FAITES SUR LES MORTIERS EMPLOYÉS A LA FABRICATION DE LA PIERRE ARTIFICIELLE.

Nos DES BLOCS	DATE de FABRICATION	POIDS sec	POIDS mouillé	NOMBRE D'HEURES déposées dans l'eau	QUANTITÉ d'eau absorbée PAR BLOC	QUANTITÉ d'eau absorbée p. 0/0	RÉSISTANCE par centimèt. carré en 30 jours de fabr.	COMPOSITION DES BLOCS
980	8 avril 1876 ..	185	218	24	38.00	20.54	13ʹ420	100, chaux pulvérisée du Theil, 100, poudre de pierre, 67, agrégat liquide.
962	8 avril — .	162	198	»	31.00	20.98	12 320	100, chaux du Theil no 1, 100, poudre de silex, 70, agrégat liquide.
1020	7 mai — .	177	217	»	40.00	22.59	10 450	100, chaux grasse d'Agen pulvérisée, 100, poudre de marbre blanc, 80, agrégat liquide.
922	28 février 1876.	165	205	»	40.00	24.24	7 500	100, chaux grasse de Paris pulvérisée, 100, poudre de pierre, 200, poudre de silex, eau naturelle.
645	25 juillet 1875..	88	108	»	20.00	22.70	6 850	50, chaux hydraulique chambrette, 100, poudre de pierre, 50, agrégat liquide.
639	21 juillet — .	100	115	»	15.00	15.00	6 400	100, chaux hydraulique chambrette, 40, poudre de pierre, 50 agrégat liquide.
909	3 février 1876.	120	152	»	32.00	26.66	5 130	100, chaux grasse de Paris pulvérisée, 100, poudre de pierre, 75, agrégat liquide.
776	24 septem. 1875	72	94	»	22.00	30.55	5 000	100, chaux hydraulique chambrette, 50, poudre de verre, 60, agrégat liquide.
880	24 décen b.1875	88	107	»	19.00	21.59	3 970	100, chaux hydraulique chambrette, 100, poudre de marbre, 20, ciment Demarle, 90, agrégat liquide.
925	3 mars 1876..	171	207	»	36.00	21.01	3 950	100, chaux grasse de Paris pulvérisée, 100 poudre de pierre, 200, poudre de silex, 80 agrégat liquide.
1055	28 mai 1875...	195	231	»	36.00	18.46	3 450	100, chaux du Theil, 100, sablon blanc, 65, agrégat liquide.
811	22 octobre 1875	282	357	»	75.00	26.59	3 350	100, chaux chambrette, 100, poudre de verre, 85, agrégat liquide.
1065	1er juin 1876...	163	198	»	35.00	24.47	3 030	100, chaux hydraulique chambrette, 100, sablon blanc, 60, agrégat liquide.
785	25 septem. 1875	79	100	»	21.00	26.07	2 820	100, chaux hydraulique chambrette, 200, poudre de silex, 100, agrégat liquide.
»	Pierre naturelle	123	236	»	113.00	91.86	3 806	Pierre de Vergelé, prise sur un des grands chantiers de Paris.

§ IV.

Malgré que la quantité des ustensiles utiles à l'analyse ne soit pas bien considérable, nous ne devons pas moins en fournir la nomenclature et les détails nécessaires à leur acquisition ; ces ustensiles se composent :

1º D'une série de petites mesures en fer-blanc où en cuivre, pl. 4, fig. 13, 14, 15, 16, 17, 18 qui se subdivisent de la manière suivante:

Une mesure de cent centilitres, une de cinquante, une de vingt, une de dix, une de cinq et une de un centilitre.

2º D'une petite balance pouvant peser environ de quinze cents à deux mille grammes.

3º Une éprouvette graduée par centimètres cubes, pl. 3, fig. 7, d'une capacité de cent vingt-cinq où de deux cent cinquante centimètres cubes ; avec la première éprouvette on pourra essayer cinquante centimètres cubes de ciment, en ayant soin de doubler les quantités produites par *l'analyse ;* avec la deuxième éprouvette on pourra opérer sur une quantité de cent centimètres cubes, ce qui facilitera et simplifiera l'opération.

4º Une petite dame où pilon en fer-blanc, pl. 3, fig. 8, de un diamètre égal (moins un milimètre) au diamètre de l'éprouvette adoptée.

5º Un petit entonnoir en verre.

6º Une petite fiole de douze centimètres environ de longueur, pl. 2 fig. 4.

7º Trois petits tamis, pl. 4, fig. 19, 20, 21, de dix centimètres de diamètre et sept centimètres de profondeur.

Le premier tamis aura trente fils par centimètre carré, ce sera le numéro 30.

Le deuxième tamis aura cinquante fils par centimètre carré, ce sera le numéro 50.

Le troisième tamis aura quatre-vingts fils par centimètre carré, ce sera le numéro 80.

8° Une aiguille à ciseau, pl. 3, fig. 10, de vingt centimètres de hauteur et de trois millimètres de largeur, à l'extrémité inférieure.

A l'extrémité de la partie supérieure de la tige il sera agencé une rondelle en plomb pour former le complément du poids de cinq cents grammes.

9° Un couteau et une petite truelle, pl. 3, fig. 11 et 12.

10° Une tablette en marbre ou en zinc, de trente centimètres de côté, cette tablette est destinée à gâcher les macarons provenant de la poudre séchée, et les briquettes d'essais.

11° Une douzaine ou deux de petits moules en fer-blanc, ou en cuivre, pl. 3, fig. 2, 3, pour mouler les briquettes d'essais.

12° Pour mesurer plus promptement et plus exactement la quantité de résidus trouvés dans les poudres, on se servira d'une petite éprouvette sans pied divisée par dixième de centimètre cube.

13° Deux petites assiettes en terre réfractaire, pour sécher au feu les bouillies et les résidus.

14° Enfin une petite machine pour rompre les briquettes d'essais, pl. 1, fig. 1.

Cette petite machine se compose d'une tablette en bois dur de quatre-vingts centimètres de longueur, vingt-deux centimètres de largeur, vingt-cinq millimètres environ d'épaisseur.

Sur cette tablette se trouvent assujetties deux petites colonnettes ou montants, et la mâchoire inférieure à saisir les briquettes ; le montant de devant sur lequel repose le fléau du levier a quarante-trois centimètres environ de hauteur et son diamètre moyen a environ vingt-cinq millimètres.

Le montant de derrière se compose d'une petite tringle en fer, de dix millimètres de diamètre ; à l'extrémité de la partie supérieure de cette tringle, se trouve agencée une fourchette à deux branches entre laquelle joue le levier et se repose après l'opération du cassage des briquettes.

Une boule en cuivre se trouve agencée à l'extrémité du levier du côté de la tige d'arrachement; cette boule, qui est à vis, sert à régler l'équilibre du levier avant d'introduire et d'assujettir les briquettes dans les mâchoires d'arrachement.

La longueur totale du levier est d'environ soixante-quinze centimètres, sa largeur moyenne ou tombée a vingt millimètres et dix millimètres d'épaisseur.

Le récipient en fer-blanc destiné à recevoir le volume d'eau a vingt centimètres de côté et quatorze centimètres de profondeur, soit une capacité de six litres, lesquels multipliés par dix (longueur proportionnelle du levier) forment un poids maximum de soixante kilos pour casser une briquette d'un centimètre carré.

Si on voulait essayer les briquettes de deux centimètres de côté en mortier mélangé de sable, il faudrait avoir à cet effet des mâchoires de rechange.

On trouvera dans le tableau suivant la résistance des divers ciments que nous avons *analysés* et *rompus*, au moyen de notre petite machine, comparée aux résistances prédites par les calculs de notre *analyse*.

CIMENTS DE PORTLAND ANGLAIS ET FRANÇAIS

Ayant produit les plus fortes et les plus faibles résistances au bout d'un mois de la fabrication des mortiers.

RÉSISTANCES DES CIMENTS NATURELS						RÉSISTANCES DES CIMENTS Mélangés d'agrégat			OBSERVATIONS
PLUS FORTES			PLUS FAIBLES						
Nº des Briquettes	Nationalité	Résistance	Nº des Briquettes	Nationalité	Résistance	Nº des Briquettes	Nationalité	Résistance	
543	Anglais	26k731	598	Anglais	9k230	626	Français	37k380	Ces quelques expériences extraites de notre collection seront suffisantes pour démontrer que tous les ciments anglais et français varient également et d'une manière tout aussi inquiétante dans leur résistance, et qu'il est bon de s'édifier sur leur plus ou moins bonne cuisson et sur l'état plus ou moins propice de la chaux vive dont ils sont pourvus, si on tient à éviter de graves mécomptes dans les travaux.
570	Français	31 845	610	Français	4 720	638	idem	33 800	
585	Anglais	34 464	611	idem	3 260	674	idem	33 750	
589	idem	22 500	612	idem	7 150	768	Anglais	45 000	
621	Français	20 329	613	idem	6 500	780	idem	42 710	
660	idem	31 890	636	idem	6 500	781	idem	38 270	
678	idem	29 040	740	Anglais	8 100	792	idem	41 316	
765	Anglais	23 070	788	idem	7 900	838	idem	56 250	
779	idem	28 020	936	Anglais	2 250	844	idem	31 800	
795	Français	28 750	947	Français	9 200	858	idem	33 750	
796	idem	32 600	963	idem	2 780	878	idem	27 150	
798	idem	31 200	964	idem	8 300	931	Français	31 150	
799	idem	25 000	1108	idem	9 750	932	idem	33 750	
829	idem	22 500	1109	idem	3 350	1017	idem	33 750	
837	Anglais	26 826	»	»	»	»	»	»	
902	Français	39 690	»	»	»	»	»	»	
930	idem	26 570	»	»	»	»	»	»	
1012	idem	27 850	»	»	»	»	»	»	

CIMENTS ROMAINS ET CHAUX HYDRAULIQUES

Éprouvés à la résistance de la traction au bout d'un mois de la fabrication des mortiers.

N° des Briquettes	Bassin de Paris	N° des Briquettes	Romain	N° des Briquettes	Chaux Hydraulique	OBSERVATIONS
602	4k770	567	8k951	627	1k820	Les différences de résistance des ciments du bassin de Paris et celles des ciments romains sont les plus considérables, puisqu'on voit que la plus forte du bassin de Paris est de 28 kilos 500, et la plus faible de 4 kilos 770, que la plus forte de ciment romain est de 21 kilos 400, et la plus faible de 2 kilos 140, tandis que la plus forte résistance de la chaux hydraulique est de 7 kilos 840, et la plus faible de 1 kilo 626.
762	21 770	625	2 140	628	2 350	
834	22 500	633	21 400	629	3 020	
835	28 500	715	6 120	642	3 130	
»	»	774	5 300	682	1 626	
»	»	802	9 500	981	2 680	
»	»	813	19 740	1104	2 800	Nous avons déjà dit que les fortes résistances des ciments romains et du bassin de Paris étaient factices, et qu'elles diminuaient très-sensiblement en raison du temps, ainsi les résistances de 28 kilos 500 du bassin de Paris et de 21 kilos 400 pourront descendre aux unités au bout de six mois de fabrication.
»	»	864	7 000	1105	7 840	
»	»	897	2 230	1115	3 350	
»	»	»	»	1116	2 050	
»	»	»	»	1122	3 450	
»	»	»	»	1123	2 900	

NOTES

1. — L'hydratation du silicate de chaux, en se contractant, pousse vers la surface extérieure, par les pores des mortiers, une partie de la chaux en excès, et détermine la prise plus ou moins régulièrement, suivant que les calcaires ont été soumis à des températures uniformes.

2. — La chaux du Theil contient une énorme quantité de chaux libre qui se dissout en partie après l'emploi, tandis que le reste se carbonise et protège les mortiers contre la décomposition.

3. — Dans les conditions les plus diverses, c'est-à-dire dans les cours, les bassins, etc., nons mettons en évidence ce fait, auquel nous attachons une grande importance, savoir : que partout *une couche de carbonate de chaux a une tendance plus ou moins forte à se former à la surface des mortiers, et que des eaux tranquilles et très-chargées d'acide carbonique, comme celles des bassins, lui permettent de se développer à un tel point qu'elle peut protéger des mortiers tout à fait ramollis* (Rivot et Chatauney).

4. — La couche de *laitance* qui remonte le plus souvent à la surface des mortiers-ciments, lorsqu'on moule les briquettes d'essai ou que l'on fabrique tout autre objet d'une certaine épaisseur, n'est autre chose que la couche de *carbonate de chaux* dont parlent MM. Rivot et Chatauney.

5. — La chaux libre ou en excès dans les ciments peut se trouver à l'état *caustique, fusée* ou *complétement éteinte*, suivant l'âge des poudres, leur état hygrométrique ou leur degré de cuisson.

6. — Les poudres provenant de fragments fortement chauffés sont celles qui contiennent la plus grande quantité de *chaux vive* et qui produisent les mortiers les moins disposés à une hydratation régulière.

7. — La prise irrégulière des mortiers est une cause très-grave contre la solidité des ouvrages.

8. — La *chaux vive*, en trop grande quantité dans les poudres,

est la seule cause de tous les désordres qui se produisent dans les emplois faits en mortiers de chaux ou de ciments : *fentes, bour-, souflures, soulèvements*, etc.

9. — Les mortiers faits avec des poudres qui ne contiennent aucun atôme de *chaux vive* sont très-longs à la prise et peu résistants dans les premiers temps de leur emploi.

10. — La *chaux vive*, en certaine quantité, est indispensable à l'énergie des *gangues*.

11. — Cette quantité normale de *chaux vive* se rencontre quand la chaux libre est en grande partie fusée, c'est-à-dire quand les poudres atteignent la fin du 2e âge et que le volume de la bouillie, marqué à l'éprouvette, est entre 65 et 75; au-dessous de 65, la sécurité des emplois comme enduits devient plus grande, mais l'énergie des *gangues* diminue sensiblement et ils ne peuvent supporter qu'une faible quantité de sable. Au-dessus de 75 degrés, la quantité de *chaux vive* devenant plus considérable, la résistance des *gangues* est beaucoup plus forte, mais leur stabilité est aussi beaucoup plus compromise.

12. — Le mélange, en trop grande quantité, de chaux grasse au ciment de Portland, est un procédé tout à fait contraire à la résistance des *gangues*. Les ciments ainsi mélangés produisent des mortiers qui offrent quelquefois des résistances assez bonnes dans les premiers temps de leur emploi ; mais, au bout de quelques années et souvent de quelques mois, quand la quantité de chaux grasse est trop forte, les mortiers ne présentent plus que des résistances médiocres et se désagrègent au moindre choc.

13. — Il en est de même des ciments romains fortement chauffés, similaires au *bassin de Paris*. Ces sortes de ciments, d'après nous, ne valent pas les bonnes chaux hydrauliques ; quand ils sont frais, ils sont chargés de quantités considérables de *chaux vive* qui leur procure une forte résistance au moment de l'emploi, mais cette résistance factice n'a pas de suite, et les dangers que fait courir aux emplois la *chaux vive* qu'ils contiennent détruit complétement le faible avantage d'une résistance momentanée que l'on peut d'ailleurs retrouver, et quelquefois plus avantageusement, dans les ciments romains ordinaires peu chauffés et par conséquent beaucoup moins chargés de *chaux vive*. Quand ils sont vieux, leur résistance est nulle.

14. — Les ciments de Portland de premier âge, c'est-à-dire frais de fabrication, sont dangereux à tous les emplois, même dans l'eau

15. — Les ciments de Portland du deuxième âge, c'est-à-dire de six mois de fabrication, ne doivent être employés qu'à la fabrication des mortiers destinés aux grosses maçonneries.

16. — Les ciments de Portland de troisième âge, c'est-à-dire de un an de fabrication, peuvent être employés à tous les ouvrages exposés à l'air, au soleil ou à l'eau.

17. — Les ciments de Portland du premier âge devront être soumis à une *digestion* de six mois au moins avant d'être employés ; ceux du deuxième âge, de trois mois au moins, si l'on n'aime mieux les mélanger d'*agrégat*.

18. — On connaîtra quand la *digestion* des ciments sera suffisante au volume des bouillies quand celles-ci seront descendues entre les degrés 60 et 70.

19. — L'âge des ciments peut être modifié à l'aide de l'*agrégat* qui les vieillit, et dissout la partie en excès de chaux vive.

20. — Lorsque le volume de la bouillie d'un ciment de Portland dépassera 90 degrés à l'éprouvette, on prendra le volume de la compression pour % pour règle de celui de l'eau à employer au gâchage des ciments, et celui du demi-volume de la bouillie quand celle-ci sera au-dessous de 90 degrés.

21. — Le volume de l'eau pour la fabrication des mortiers devra être augmenté en proportion de la quantité de sable mélangé au ciment ; mais, dans ce cas, la résistance des mortiers diminuera en proportion de l'eau employée au-dessus du volume normal désigné dans l'article précédent. Si, au lieu de sable, on employait des matériaux durs concassés, ceux-ci n'étant pas absorbants comme les sables, le volume d'eau n'aurait pas besoin d'être augmenté, et par conséquent la résistance du ciment ne serait pas altérée.

22. — Plus les ciments sont chargés de chaux, plus ils sont avides d'eau et par conséquent peuvent moins supporter de sable, si on tient à de bonnes résistances.

23. — C'est une grande erreur de croire que les sables ralentissent la prise des ciments. Ce ne sont pas les sables mais l'eau que l'on ajoute en sus de la quantité normale pour suppléer à l'avidité des matières tendres et hétérogènes que contiennent les sables.

24. — Pour preuve que ce ne sont pas les sables qui ralentissent la prise des ciments, voici le résultat de neuf briquettes d'essai que nous avons faites avec des dosages différents d'eau, et qui donne-

ront une juste idée de l'influence de l'eau sur la prise des ciments et leur résistance.

25. — Les cinq premières briquettes fabriquées avec du ciment de premier âge, c'est-à-dire frais de fabrication ont eu pour résis-résistance :

La 1re, gâchée avec 41 % d'eau. 45k000
La 2e — 46 — 29.800
La 3e — 51 — accident.
La 4e — 56 — 22.500
La 5e — 66 — 7.070

26. — Les quatre briquettes fabriquées avec du ciment de troisième âge, c'est-à-dire d'un an environ de fabrication, ont eu pour résistance :

La 1re, gâchée avec 34 % d'eau 11k250
La 2e — 44 — 7.050
La 3e — 54 — 6.600
La 4e — 64 — 5.150

27. — Le volume de l'eau employée au gâchage de la première briquette de l'article 25, est égal à celui de la compression pour % de la *bouillie* séchée.

28. — Le volume de l'eau employée au gâchage de la première briquette de l'article 26 est égal à celui de la demi-*bouillie*.

29. — Nous avons démontré, au chapitre quatre, page III, le moyen de reconnaître la prise des ciments. Il résulte de ce principe que, pour des ciments de même qualité, gâchés en même temps, avec des quantités différentes d'eau, le plus résistant sera celui qui aura fait prise le premier.

30. — Lorsque l'on gâchera du ciment très-frais de fabrication ou chargé de beaucoup de chaux, on mettra seulement la moitié du volume d'eau destiné au gâchage et on brossera bien le mélange avant de mettre le reste de l'eau nécessaire.

31. — Ces [sortes de mortiers sont toujours plus mous que ceux fabriqués avec des ciments vieux et dont la *bouillie* est au-dessous de 90 degrés, mais le volume d'eau à leur mélanger étant déterminé, on ne devra pas craindre de se tromper ni de les faire trop mous.

32. — Les mortiers fabriqués avec des ciments très-frais de fabrication devront, dans tous les cas, être gâchés en petites quantités, même s'ils étaient mélangés d'*agrégat*. S'il était nécessaire de

gâcher des quantités plus fortes, il faudrait mélanger les ciments avec l'*agrégat* et laisser *digérer* à l'air (mais à l'abri de la pluie), deux ou trois jours avant de les gâcher. Cette précaution n'est nécessaire que pour les ciments dont le volume de la *bouillie* serait au-dessus de 90 degrés.

33. — Il est indispensable que l'emploi des ciments soit fait par des ouvriers spéciaux, car, dans les constructions, en faisant employer de bons ciments par des ouvriers sans expérience, on s'expose à des malfaçons dont la bonne qualité des ciments ne pourrait prévenir les conséquences.

34. — On doit bien se pénétrer de ces conditions de bonne exécution, si l'on tient à retirer tous les avantages que peuvent procurer les ouvrages en ciment. Nous ne pouvons mieux faire, pour édifier nos lecteurs à ce sujet, que de les renvoyer au chapitre trois, afin de compulser les deux rapports de la *Société centrale des Architectes de Paris*, sur nos ouvrages exécutés, en *Béton-Plastique*, en 1859, et qui sont encore dans un état parfait de conservation.

35. — Le *Béton-Plastique*, tel qu'il est décrit dans notre ouvrage, résiste *dix fois* plus *à l'usure* que les mortiers fabriqués avec les meilleurs sables et les meilleurs ciments de Portland *anglais* et *français*, et *trois fois* plus que les granits les plus durs employés à Paris, dans les travaux de la ville. C'est ce qui vient d'être constaté par une expérience faite, à Paris, dans le laboratoiree de M. Michelot, ingénieur en chef des ponts et chaussées.

36. — Lorsqu'il s'agira d'exécuter des travaux hydrauliques avec des mortiers-ciments, celui, par exemple, d'assénir et rendre étanche une cave assujettie aux infiltrations, on aura recours aux deux sortes de ciments : *romain* et de *Portland*.

37. — Le ciment romain devra être de fraiche fabrication, tandis que le ciment de Portland, destiné à être fortement lissé, ne devra contenir que très-peu de *chaux vive* et devra être par conséquent très-vieux de fabrication ou mélangé de notre *agrégat*.

38. — Si la cave ou le sous-sol était à construire, les murs devraient être ourdés en mortier-ciment jusqu'à 15 ou 20 centimètres au-dessus du niveau des eaux.

39. — Le mortier devra être fait avec une partie de ciment et une ou deux parties de sable de rivière passé au crible pour enlever les plus gros graviers.

40. — Le sol de la cave ou du sous-sol, dont les infiltrations ne

seraient pas assujetties à une pression, serait revêtu d'un massif ou dallage de 10 centimètres d'épaisseur. Dans le cas contraire, s'il y avait pression, l'épaisseur du dallage devrait être augmentée du double et quelquefois plus.

41. — Le mortier-ciment pour l'ourdage des murs et le massif à établir sur le sol devra être fait avec une partie de ciment romain et deux parties de sable de rivière passé au crible fin.

42. — Si, au moment d'établir le massif en mortier-ciment sur le sol, celui-ci était envahi par les eaux, on devrait pratiquer un trou ou puisard dans le sol, de manière à pouvoir étancher l'eau de la cave, au moyen d'un seau, à mesure de l'exécution du massif en mortier-ciment ; ce trou serait rebouché ensuite avec du mortier de ciment romain pur, frais de fabrication, de manière à ce que la prise de ce ciment soit instantanée.

43. — Ce premier travail terminé, on fera un enduit par-dessus, de un centimètre d'épaisseur, en ciment de Portland du deuxième âge, c'est-à-dire pas trop vieux de fabrication, que l'on lissera fortement au moyen de la truelle anglaise et qu'on laissera prendre.

44. — Sitôt la prise faite de ce premier enduit, on en fera un autre par-dessus, du même ciment et de même épaisseur, que l'on lissera aussi fortement ; la même opération devra être faite sur les murs en élévation si ceux-ci étaient assujettis aux infiltrations. Les mortiers employés à ces divers enduits seraient faits avec une partie de sable de rivière très-fin et une partie de ciment.

45. — Nous avons cru bien faire de présenter ces principes d'exécution en forme de notes par la raison qu'ils peuvent être appliqués à d'autres ouvrages que les constructeurs eux-mêmes pourront apprécier.

46. — Quelques passages de ces notes se rapprochent un peu de certains des chapitres précédents, mais on reconnaîtra bientôt le pourquoi de ces quelques répétitions. L'ouvrier qui achètera notre travail et qui, le soir après sa journée, aura à y puiser quelques renseignements pour son travail du lendemain, n'aura pas toujours le temps de le lire tout au long, il était donc utile, dans son intérêt, de grouper, dans quelques articles, les principes d'exécution les plus utiles pour le guider dans son travail à mesure de ses besoins.

CIMENTS ET CHAUX CONTENANT DE LA CHAUX VIVE

ASPECT DES MACARONS APRÈS LE GACHAGE

(Voir la planche O)

Ciment au-dessus de zéro

dit Ciment de Portland

1. *Mortier en ciment pur*, fraîchement gâché.
2. *Même mortier*, quelques jours après le gâchage.
3. *Bouillie séchée*, provenant de *l'analyse* du même ciment, fraîchement gâché.
4. *Même bouillie*, quelques jours après le gâchage.

Ciments au-dessous de zéro

similaires aux ciments *romains*, fortement chauffés, du *bassin de Paris*

5. *Mortier en ciment pur*, fraîchement gâché.
6. *Même mortier*, quelques jours après le gâchage.
7. *Bouillie séchée*, provenant de *l'analyse* du même ciment fraîchement gâché.
8. *Même bouillie*, quelques jours après le gâchage.

Chaux hydraulique très-cuite

9. *Mortier en chaux pure*, fraîchement gâché.
10. *Même mortier*, quelques jours après le gâchage.
11. *Bouillie séchée*, provenant de *l'analyse* de la même chaux, fraîchement gâchée.
12. *Même bouillie*, quelques jours après le gâchage.

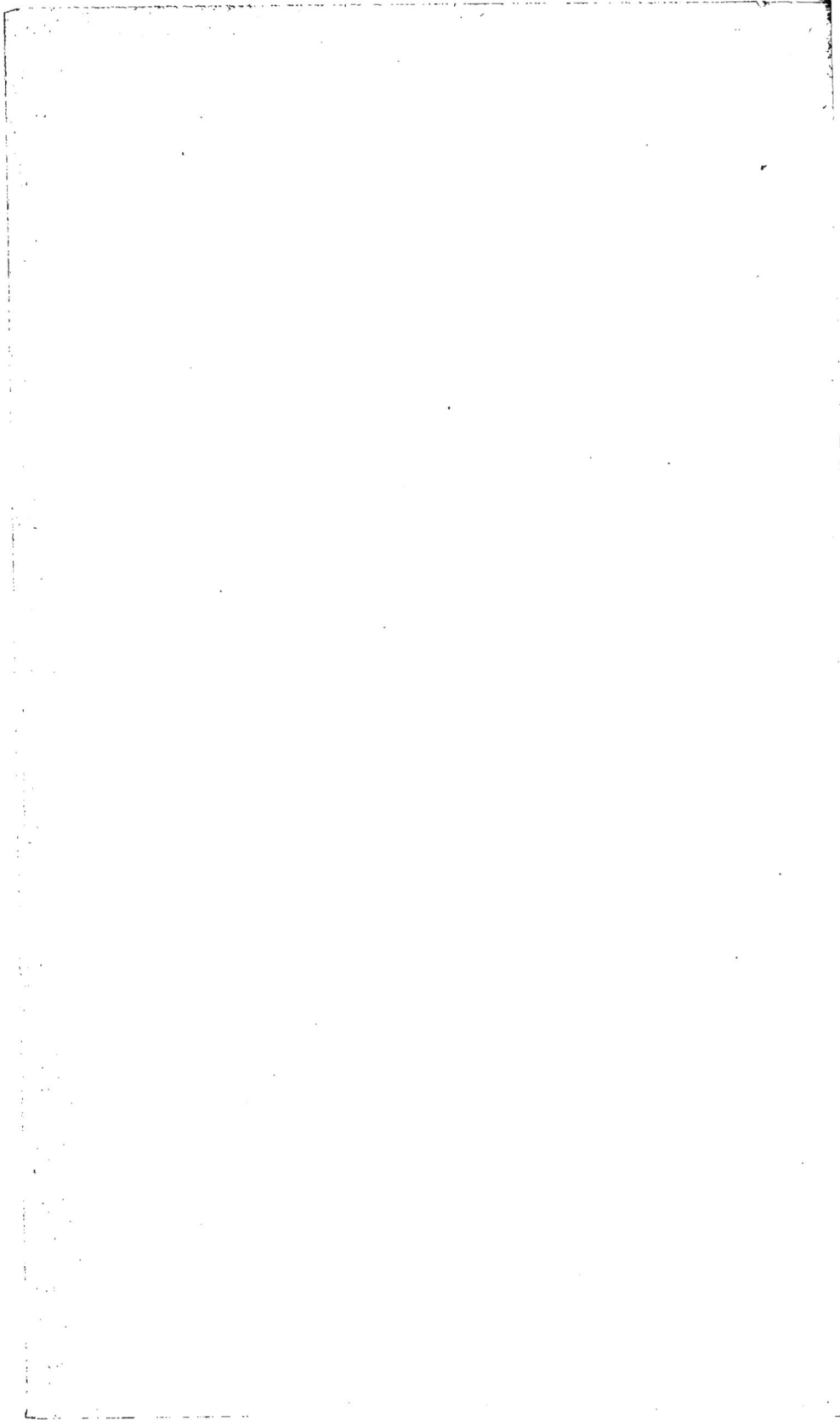

TABLE ANALYTIQUE DES MATIÈRES

fendillement des ciments. — Il est de la plus grande importance de n'employer les ciments de Portland qu'après les avoir laissés digérer plusieurs mois en magasin. — Un mélange trop fort de chaux grasse aux ciments nuit à leur énergie. — L'emploi des ciments de Portland exige des précautions bonnes à prendre. — Destruction des ouvrages occasionnée par la chaux vive non hydratée après la prise des mortiers... 67-68-69

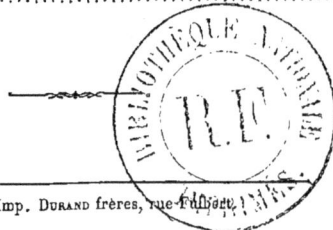

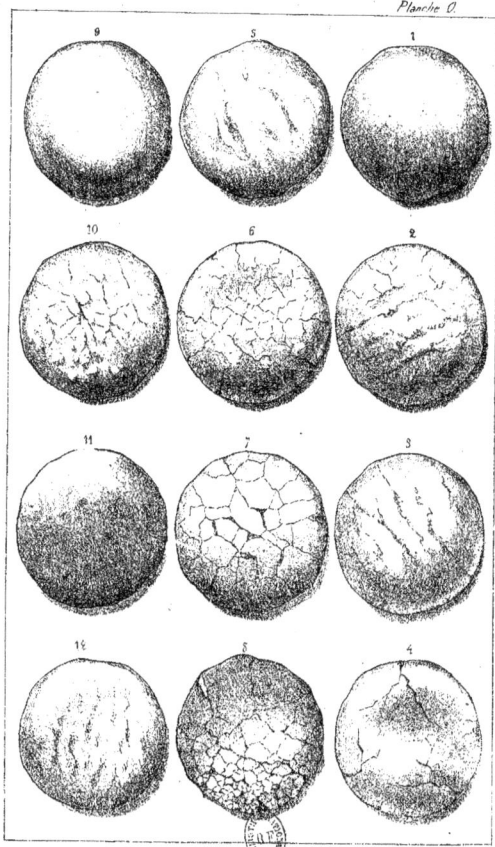

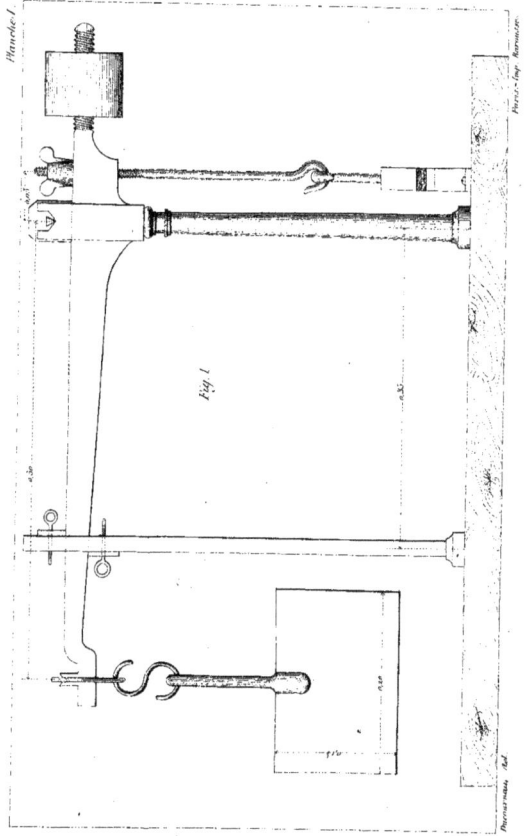

Planche I.

Fig. 1

Pharmacien Imp. Barrouze.

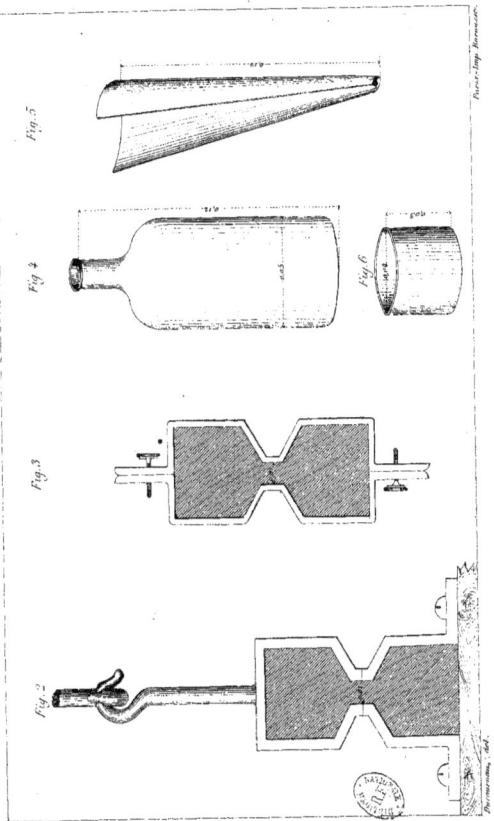

Fig. 5

Fig. 4

Fig. 6

Fig. 3

Fig. 2

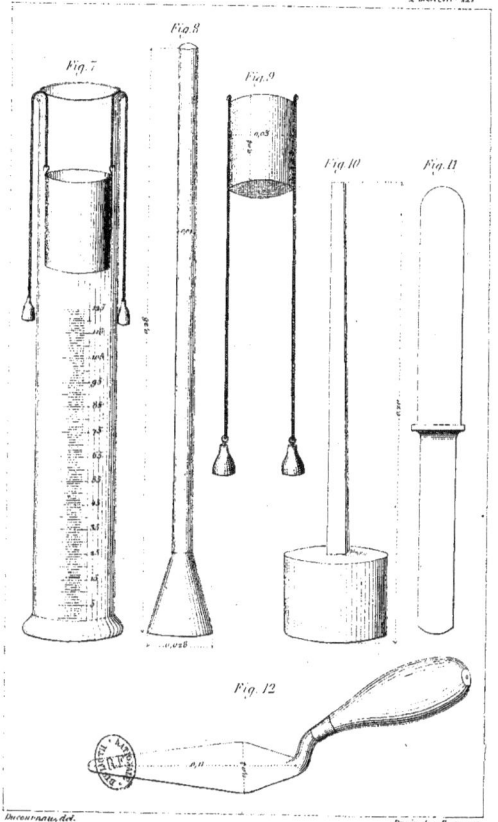

Fig. 7 Fig. 8 Fig. 9 Fig. 10 Fig. 11

Fig. 12

Ducournau del.   Paris. Imp. Baroux.

Fig. 13

Fig. 14

Fig. 15

Fig. 16

Fig. 17

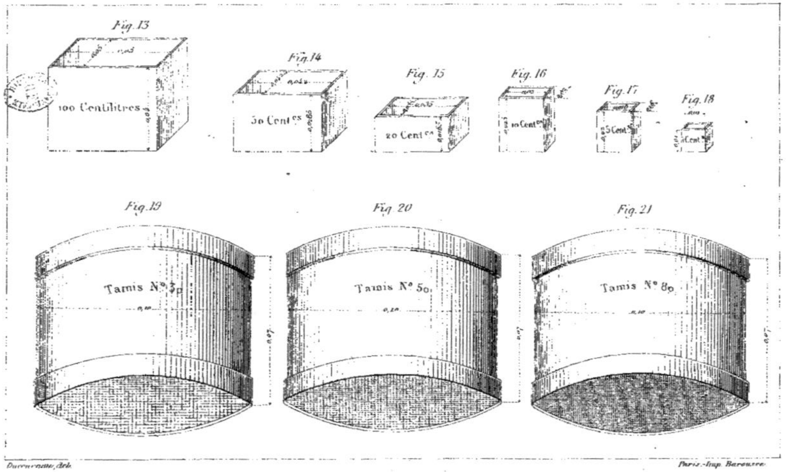

Fig. 18

Fig. 19

Fig. 20

Fig. 21

Tamis N° 80.

Tamis N° 50.

Tamis N° 30.

Paris Imp. Bineteau.

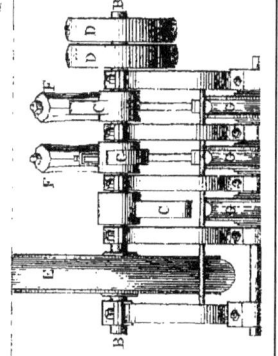

Fig. 2

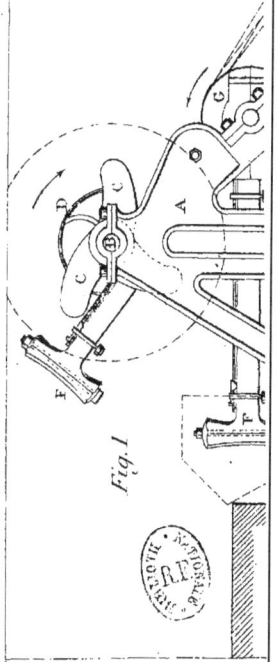

Fig. 1